関数の極限値と微分

田中　久四郎　著

「d-book」シリーズ

http：//euclid.d-book.co.jp/

電気書院

目　次

1　微積分法の胎動 …… 1

2　関数関係の表現と種類
- 2・1　変数と定数 …… 2
- 2・2　関数関係とその表現 …… 3
- 2・3　初等関数の種類 …… 4

3　極限値への考察
- 3・1　極限値の正体 …… 15
- 3・2　関数の極限値 …… 16
- 3・3　極限値に関する定理 …… 18
- 3・4　重要な関数の極限値 …… 20
- 3・5　関数の連続性と吟味 …… 26
- 3・6　連続関数に関する定理 …… 27

4　微係数・微分の応用
- 4・1　微係数の物理的意義 …… 29
- 4・2　微係数の幾何学的意義 …… 31
- 4・3　微係数の数学思想的意義 …… 34
- 4・4　微係数を応用する近似値の計算 …… 37

5　微分法の要点
- 5・1　関数関係の表現と関数の種類 …… 42
  - (1)　関数とその表現 …… 42
  - (2)　関数の分類 …… 42
- 5・2　関数の極限と極限値に関する定理 …… 44
  - (1)　関数の極限 …… 44

(2) 極限値に関する定理 …………………………………………… 44

　　　(3) 重要な関数の極限値 …………………………………………… 45

　5・3　関数の連続性と連続関数に関する定理 ………………………… 45

　　　(1) 関数の連続性 …………………………………………………… 45

　　　(2) 連続関数に関する定理 ………………………………………… 45

　5・4　微係数とその応用 ………………………………………………… 46

　　　(1) 微係数の意義 …………………………………………………… 46

　　　(2) 近似値の計算 …………………………………………………… 46

　5・5　導関数と原関数（微分と積分の関係）………………………… 47

　　　(1) 導関数と原関数 ………………………………………………… 47

　　　(2) 微分と積分の関係 ……………………………………………… 47

6　微分法の応用例題　　　　　　　　　　　　　　　　　　　48

1　微積分法の胎動

いつの時代においても，何か新しい学理なり発見が過去，現在に関係なく突如として1人の頭脳に宿るわけでなく，時代思潮の流れの中に時代の要請に応じて，何人もの人々が考えつづけてきたことが次第に成熟して1人の天才の脳裡に結実する．ニュートンの脳裡に発芽した微積分もまた同様な経路を踏んでいる．だからライプニッツも同じ頃に同様な着想に達していたわけである．

そのような次第だから，ここで，まず微積分法の生まれてきた歴史的必然性について概観してみよう．

古代ギリシヤにおいては不変と有限を神聖視し，変動は非現実的なものとする静観的思想がその主流となり，中世に至る領主とその土地に強制的にしばられた農奴から成る封建時代の思想的な背景となっていた．一方，宗教においても無限は神のみがしろしめすものとし静止を神聖視し天動説を支持して，これに反する者を異端者とした．ところが近世に至って封建社会が次第に崩壊し，民族を単位とする統一国家が各地に生まれ，その官僚機構と常備軍を維持するためには，土地収入だけに依存できず，工業を振興し貿易の拡大を計らねばならなくなってきた．これがために航海術に必要な天文学，気象学の研究が必要になり，工業機械としての紡績機，旋盤機，揚水ポンプの研究や火薬の発明による弾道学などの研究も必要になった．一方，天動説に代わって地動説がケプラーなどによって実証された．そうして，これはいずれも物の変動をとり扱うもので，もはや変動は非現実的だなどといっておれなくなった．

ところが前述のようにギリシヤ以来の数学は神秘宗教の制約をうけ，不動不変の調和的な秩序を追求し，円は完全にして美なるものとし，事物の間に存する法則は調和的均衡を伴った比や比例の形であらわされるとし，運動や変化は神聖な学問の対象にならないものとする静観的思想にもとづく静的な数学がその主流であった．

しかし，近世に至っては思想の自由化と産業国家の発達によって，上述のように変動すなわち運動と変化を対象とする動的な数学を要請するようになってきた．例えば図形の求積に動的な思想がとり入れられ，近世に起った力学上の問題として速度の方向を定めるため曲線に接線を引く研究や実用上の問題から最大最小値の計算法の研究がクローズアップされてきた．これらの要請に応じて生まれたのが，デカルトの解析幾何学であり，ニュートンとライプニッツの微積分学であって，解析幾何学は静止的な幾何図形を動的な関数の形であらわしたが，微積分学は，この動的な関数の変化を数学的に処理する目的で生まれた．そこでギリシヤ以来，比の形であらわされた自然現象が関数の形で表現されるようになった．しかし，これらの求積，接線，最大最小値などの研究の底流となったのは，古来から考究されコーシーによって終止符のうたれた極限値の研究であって，このことから微積分法への道をたどることにするが，説明の都合上，その前に関数についての基礎的なことがらを講述することにしよう．

2 関数関係の表現と種類

2・1 変数と定数

　数学上で取扱う量には定まった量と変わる量があって，前者をあらわすのが定数で後者をあらわすのが変数である．例えば有効落差がh〔m〕のペルトン水車のノズルから噴出する水の速度v〔m/s〕は$v=\sqrt{2gh}$であらわされ，gは重力加速度で一定で9.797〔m/s^2〕であるから，この場合のgは**定数**(Constant)であり，vはhによって変化し，何れも**変数**(Variable)であるが，hの値によってvが定まるので，hを自変数，vを従変数という．この$g=9.797$はわが国（京都）での値であって，gは地球が自転することによって生ずる遠心力に依存するので，他の土地ではちがった値となり定数といえない．このように一つの量がある条件の下では定量であっても，別の条件の下では変量となり，この逆の場合もある．

　さらに，一般的な計算では定量と見なしてよいものが厳密な計算では変量とせねばならないこともある．また，上例では自変数は一つであったが，例えば，送電線のコロナ損失では従変数であるコロナ損に対し，自変数としては線間距離，電線の太さ，線路電圧，周波数，電線表面の状態，大気圧，空気温度，天候状態などが考えられ，前5者を定数としても，三つの自変数が残る．一般に，この自変数が多いほど現象は複雑な様相を呈する．

　さて，この変数はどのような数値でもとれるというわけでなく制限がある．一般の微積分学では変数の範囲を実数にかぎり，変数が複素数の場合をふくめない．したがって，例えば$y=\sqrt{1-x^2}+5$の場合，変数xの変化できる範囲は$-1\leqq x\leqq 1$となる．

　この変数のとりうる数値の範囲を**変域**(Interval)という．さらに，a, bを与えられた実数として$a\leqq x\leqq b$のように，その両端の値もとりうるとき，xは区間(a, b)を動くといい，これを**閉区間**と称する．これに対し$a<x<b$のときは，xは区間(a, b)の内部を動くといい，これを**開区間**という．その他，1端で閉じ，1端で開いた$a\leqq x<b$のような変域も，または$a\leqq x$のように，xは左に閉じ右に開いた区間$(a, +\infty)$を動くような変域もある．

　　注：一般にアルファベットの初めの方の文字で定数をあらわし，終わりの方で変数をあらわす．中ほどの文字やギリシヤ文字はその何れにも用いられている．

2·2　関数関係とその表現

関数の近代的な定義はディクレによって次のように与えられている．
「ここに，実数からなる一つの集合Mを考える —— 例えば$a<x<b$である実数の集合など —— このMに属する各実数xの値に対し，一つあるいは一つ以上のyの値が対応するとき，yはMで定義されたxの関数である」

ディクレ以前は漠然としてではあるが，yがxの式なりグラフで与えられる法則関係がないと関数でないように思われ，関数の概念を束縛してきたが，彼はxにその変域内のある値を与えたとき，それに応じてyの値がなんらかの方法で定められるなら，それで十分で両者間が無法則でもよいとして，その縛をたち関数を無辺の天地に活躍させる道を開いた．しかし，我々が日常取扱う問題ではxとy間の定性関係だけでなく定量関係の確立していることが多く，両者の関係が式で与えられることが多い．

例えば，3相同期発電機の電機子1相の直列巻回数をZ，周波数をf〔Hz〕，1極の磁束数をΦ〔Wb〕，巻線係数をk_Wとすると，

1相の誘導起電力　　$E_0 = 4.44 k_W Z f \Phi$　〔V〕

になるが，ここでk_W, Zを定数とするとE_0はfとΦによって変化し，これらにある値を与えると，それに対応するE_0の値が定まるので，E_0はf, Φの関数であってこれを$E_0 = F(f, \Phi)$というように表す．これは，上式の関係を変数を主体としておおづかみに示したものと考えてよい．また上記で，fが定数だと$E_0 = F(\Phi)$と記し —— 原式の形が同一なら同じFを用い，$E_0 = g(\Phi)$などと記さない —— E_0イクオール・ファンクションΦと読む．また，コロナ損pはコロナ臨界電圧の関数であり，コロナ臨界電圧は電線の直径dの関数になるので，pはdの関数の関数となり，これを$p = f\{g(d)\}$などと記する．

> 注：$y = ax + b$, $y = c + d\sin x$のような場合，前者を$y = f(x)$と書くなら後者を$y = \varphi(x)$などと記して，両者は別の関係にあることを明らかにしておく．

関数関係の表し方はさまざまであるが，実用上で重要なのは解析的方法，表による方法，グラフによる方法の三つであって，解析的方法というのは$y = f(x)$というように，これらの量が方程式で結びつけられる場合であり，表による方法としては基本的なものに例えば，対数関数に対しては対数表，三角関数に対しては三角関数表，指数関数に対しては指数関数表などがある．

グラフによる方法は変数xをX軸に，これに対応するyの値をY軸にとってグラフを画くものである．電気工学上の研究などで，ある種の関数関係をグラフに画くのは，その関係を一目瞭然とするとともに，その関係を表す関係式を求めるのが主なる目的であって，数量的な考察，または実験の結果から変数間の各数値を求め，これらの数値を整理して表を作り，この表をグラフに画いて変数間に成り立つ法則を推知して関係式を作っている．

2·3 初等関数の種類

初等関数　$y=f(x)$ の y の値が，定数と自変数 x の有限回の加減乗除の四則計算とか累乗や累乗根をとるとか，対数をとるとか三角関数として求められるとか，それらの組合せとして求められる場合を**初等関数**といい，これには代数関数として有理整関数，有理分数関数があり，初等超越関数として指数関数，対数関数，三角関数，逆三角関数などがある．次にこれらについて説明しよう．

　　注：高等関数には双曲線関数，逆双曲線関数，円柱関数，楕円関数，球関数，誤差関数，ガンマ関数，波動関数などがある．

【有理整関数】

有理整関数
整関数　変数 x と定数との間に，加えたり減じたりかけたりする —— 割ることを除く加減乗 —— 3種の演算を有限回だけ行ってえられる関数を**有理整関数**，または略して**整関数**といい，その一般的な形は，$a_0, a_1, a_2, \cdots\cdots, a_n$ を定数，n を正の整数，$a_0 \neq 0$ とすると

$$y = f(x) = a_0 x^n + a_1 x^{n-1} + a_2 x^{n-2} + \cdots\cdots + a_{n-1} x + a_n \tag{2·1}$$

主係数
絶対項　で表され，n を関数の次数，定数 $a_1, a_2, \cdots a_{n-1}$ を係数，特に a_0 を**主係数**といい，変数をふくまない a_n を**絶対項**という —— この n 次整関数は後でもよく引用するので記憶しておかれたい．—— 例えば，温度 t [℃] の電気抵抗温度係数 α_t が t の関数として，

$$\alpha_t = at^2 + bt + c$$

で示されたとすると，これは2次整関数である．また1次整関数 $y = ax + b$ は直線を表すので**線形関数**ということもある．

線形関数

【有理分数関数】

有理分数関数　変数 x と定数との間に，加減乗除の4種の演算を有限回だけ行ってえられた関数を**有理分数関数**という．その一般的な形は次式で示されるように，$a_0, a_1, \cdots, a_n$，$b_0, b_1, \cdots, b_m$ を定数，n, m を正の整数とすると，二つの整関数の商として表される．

$$y = f(x) = \frac{a_0 x^n + a_1 x^{n-1} + \cdots + a_{n-1} x + a_n}{b_0 x^m + b_1 x^{m-1} + \cdots + b_{m-1} x + b_m} \tag{2·2}$$

分数関数　したがって前項の整関数は，この分数関数の分母が定数になった特別の場合と考えられる．また，負の整数中，例えば x^{-2}，x^{-3} などからなる整数関数は**分数関数**になる．今，変圧器の出力を EI，鉄損を w_i，巻線抵抗を R とすると，その効率は

$$効率\ \eta = f(I) = \frac{EI}{EI + w_i + I^2 R}$$

有理関数　で示され，η は I の分数関数になる．ただし，この分数関数という言葉はあまり用いず，整関数と分数関数を合わせて**有理関数**（Rational function）という．

【無理関数】

　変数 x と定数の間に加減乗除と累乗根計算の5種の演算を有限回だけ行ってえられ

2·3 初等関数の種類

無理関数

る関数を無理関数 (Irrational function) という．

要するに y が x の無理式で与えられる関数で，例えば，水車の定格速度を N，最大出力を P，有効落差を H とすると

$$\text{水車の特有速度 } N_s = \frac{NP^{\frac{1}{2}}}{H^{\frac{5}{4}}}$$

となり，N_s は P についても H についても無理関数になる．

【代数関数】

代数関数

上記した有理関数と無理関数を合わせて**代数関数** (Algebraic function) という．そこで (2·1) 式と (2·2) 式の両者を合せてふくむ代数関数としての一般式を作ると，$P_0(x)$, $P_1(x)$, $\cdots P_n(x)$ などをそれぞれ x の整関数とすると

$$P_0(x)y^n + P_1(x)y^{n-1} + \cdots\cdots + P_n(x) = 0 \tag{2·3}$$

となり，y に関する n 次の方程式だから，x を一定とすると y の値は一般に n 個あることになり y は x の n 値関数になる．また一般に代数関数の逆関数（後述）もまた代数関数になる．

【超越関数】

超越関数

超越関数 (Tranzendental function) というのは，代数的な手段を超越した関数で，$y = f(x)$ が超越関数だということは，どのような代数方程式 $P(x, y) = 0$ を作っても $y = f(x)$ を満足しないような関数である．例えば，x の値が 0 から π まで変化したとき，それに応ずる y の値が $x = 0$ で $y = 0$ から次第に大きくなり，$x = \pi/2$ で $y = 1$ となり，x の値がこれより大きくなると，次第に減少し，$x = \pi$ で $y = 0$ となるような三角関数 $y = f(x) = \sin x$ は x のどのような多項式，すなわちどのような代数関数を作っても，これによって表せない．従って，三角関数は超越関数であって，その他，指数関数，対数関数，逆三角関数もこれに属し，これらの四つ，またはその有限回の組合せで

初等超越関数

あらわされるものを初等超越関数といい，代数関数と初等超越関数をひっくるめて初等関数という．なお，初等関数で変数 x が複素数とならないものを**実変数初等関数**と称する．

【指数関数】

a を定数，x を変数としたとき，底数が変数 x で，指数が定数 a である $y = x^a$ は代数

底数

関数であるが，**底数が定数 a で指数が変数 x である $y = a^x$ は指数関数** (Exponential

指数関数

function) で，その底数は a であるという．この底数 $a = 0$ であると y は常に 0 になるので $a \neq 0$ であり，また，負数はとれない．これは例えば $x = 3/2$ のような場合

$$y = (-a)^{\frac{3}{2}} = \sqrt{-a^3} = j\sqrt{a^3}$$

となって y が虚数になるからである．また，a を無理数とすることもできない．さらに $a = 1$ では y が実数の範囲内では常に $y = 1$ になって意味がないので $a \neq 1$ とする．

さて，この指数関数では変数 x を等差級数的に増加していくと関数の値は

$$a^x, \quad a^{x+h} = a^x a^h, \quad a^{x+2h} = a^x (a^h)^2, \quad a^{x+3h} = a^x (a^h)^3 \cdots\cdots$$

というように公比 a^h の等比級数として増加する．

一般の代数関数，例えば $y = bx$ では x を等差級数的に増加すると y も等差級数的に増加する．従って x が無限に大きくなるとき，何れの関数も無限に大きくなるが，指

2 関数関係の表現と種類

数関数は無限に近づく速度がどのような代数関数よりも急速であって，このような速度をもつ代数方程式は作れない．ということは，指数関数が超越関数であることを意味する．

【対数関数】

逆関数　　例えば $y=x^a$ のような代数関数があったとき，$x=\sqrt[a]{y}$ と書き直し，この x と y を入れかえて $y=\sqrt[a]{x}$ を作ったとき，これを $y=a^x$ の**逆関数**(Inverse function)という．
対数関数　これと同様に，前項で述べた指数関数 $y=a^x$ の逆関数を $y=\log_a x$ と書き，y は x の**対数関数**であるという．この log (ロッグ) は logarithm (ロガリズム；対数) の略号であって，log の足字 a は底数をあらわし，y は a を底とする x の対数であるといい —— y イクォールロッグ a, x と読む —— 対数 y に対する x を真数と称する．さて $y=\log_a x$
真数　と書かれたときこれは $x=a^y$ を意味する．この x と y を入れかえると対数関数の逆関数としての指数関数がえられる．この対数関数は指数関数と同様に a を $a>0$, $a\neq 1$ にとらねばならない．

対数関数の一例を図示すると**図 2・1** のようになり，y が負数であると，これに対応する $x=a^{-y}=1/a^y$ になり，y の値が $-\infty$ になると $x\to 0$ になり，x の値に負値はなく，y の増大と共に x は増大する．この逆関数である指数関数を画くと図の点線のようになり，両者は $x=y$ の直線に対して対称になる．これは x と y が互に位置を交換するので当然のことであり，一般的にいって，その関数と逆関数は $x=y$ の直線に対して対称になる．

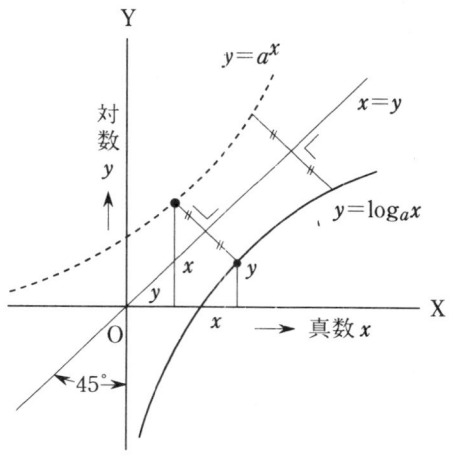

図 2・1　対数関数と指数関数

なお，対数関数の底を $a>1$ として，x を限りなく $+\infty$ に近づけた極限での $y=\log_a x$ ($x=a^y$) は限りなく $+\infty$ に近づき，x を $+0$ に接近させると y は $-\infty$ に接近し，$0<a<1$ とすると，x を $+\infty$ に接近させたとき y は $-\infty$ に接近し，x を $+0$ に接近させると y は $+\infty$ に接近する．前に指数関数はどのような代数関数より増加の速度が大きいといったが，その逆関数である対数関数は増加の速度がどの代数関数よりも小さくなるので，これを代数関数であらわせない．従って対数関数も超越関数である．さて，対数関数は電気工学上でしばしば用いるので，蛇足となるが，その基本的な性質を復習しておこう．

(1) $\log_a 1=0$ であり $\log_a a=1$ となる．

　　　$y=\log_a x$ だと $x=a^y$ だから $1=a^y$ では $y=0$ となり，$a=a^y$ では $y=1$ になる．

(2) $\log_a (x_1\times x_2\times x_3\times\cdots)=\log_a x_1+\log_a x_2+\log_a x_3+\cdots\cdots$

これは $y_1 = \log_a x_1$, $y_2 = \log_a x_2$, $y_3 = \log_a x_3 \cdots$ とおくと
$$x_1 \times x_2 \times x_3 \times \cdots\cdots = a^{y_1} \times a^{y_2} \times a^{y_3} \times \cdots = a^{y_1+y_2+y_3\cdots}$$
となるのでこの両辺の対数をとると上式になる．

(3) $\log_a\left(\dfrac{x_1}{x_2}\right) = \log_a x_1 - \log_a x_2$

これも $y_1 = \log_a x_1$, $y_2 = \log_a x_2$ とおくと
$$\frac{x_1}{x_2} = \frac{a^{y_1}}{a^{y_2}} = a^{y_1-y_2}$$
となり，この両辺の対数をとると上式になる．特殊な場合として
$$\log_a \frac{1}{x} = \log_a 1 - \log_a x = 0 - \log_a x = -\log_a x$$

(4) $\log_a x^n = n\log_a x$

これは(2)からも明らかなようにx^nはxをn回かけ合わせるのだから，n個の$\log_a x$の和になる．また，この$n=1/m$とおくと，上記より
$$\log_a x^{\frac{1}{m}} = \frac{1}{m}\log_a x \qquad \log_a x^{\frac{n}{m}} = \frac{n}{m}\log_a x$$
などの関係がえられる．

(5) $\log_b x = \log_a x \times \dfrac{1}{\log_a b}$

$y_1 = \log_b x$, $y_2 = \log_a x$, $y_3 = \log_a b$ とおくと，$b^{y_1} = x$，$a^{y_2} = x$，$a^{y_3} = b \to$ $a = b^{\frac{1}{y_3}}$ となり
$$b^{y_1} = a^{y_2} = \left(b^{\frac{1}{y_3}}\right)^{y_2} = b^{\frac{y_2}{y_3}} \quad \therefore \quad y_1 = \frac{y_2}{y_3}$$
これを前式に入れると上式になる．

常用対数

さて，対数関数 $y = \log_a x$ の底数としては10進法とからみ合わせて $a = 10$ としたものが実用上の計算に便利であって，これを**常用対数**(Common logarithm)といい $y = \log_{10} x$ と記する．この常用対数では，$y = \log_{10} 10$ は $10 = 10^y$ で $y = 1$ となり $\log_{10} 10 = 1$ となり
$$y = \log_{10} 10^n = n\log_{10} 10 = n$$
$$y = \log_{10} 10^{-m} = -m\log_{10} 10 = -m$$
になるので，1から10までの対数がわかっていると他は，これにnを加えたり，mを減じたりして求められる．例えば $\log_{10} 5.762 = 0.76057$ とわかっていると
$$\log_{10} 5762 = \log_{10}(1000 \times 5.762) = 3 + 0.76057$$
$$\log_{10} 0.005762 = \log_{10}(10^{-3} \times 5.762) = -3 + 0.76057$$
というように求められる．このように実用上の計算にはこの常用対数が用いられるが，理論上の研究には次章の重要な関数の極限値のところで説明する．
$$\varepsilon = \lim_{n\to\infty}\left(1 + \frac{1}{n}\right)^n = 2.71828\cdots\cdots$$

|自然対数| を底数とした対数を用い、これを**自然対数**(Natural logarithm)といい、$y = \log_\varepsilon x$ または底数を略して$y = \log x$さらに略して$\ln x$などと書く。これに対し常用対数は底数を記して両者を区別する。なお、両者の間の換算は

$$\log x \fallingdotseq 2.3026 \log_{10} x, \quad \log_{10} x = 0.43431 \log x \tag{2·4}$$

前項の指数関数で底数がεである場合は、この対数関数を用いて計算することもできる。すなわち$y = \varepsilon^x$でこの両辺の対数をとると$\log y = x \log \varepsilon = x$になり

$$x = \log y \fallingdotseq 2.31 \log_{10} y, \quad \log_{10} y = 0.4343 x \tag{2·5}$$

となるので、xのある与えられた値に対し右辺を計算し、常用対数表を見て対数の値がこの$0.4343x$となるような真数yを求める。

なお、対数関数は電気工学上に広く用いられ、$1/x$を積分するような形のものには必ず対数関数が現れる。例えば、内径r、外径Rの同軸円筒間の静電容量は$\log(R/r)$に反比例し、漏洩抵抗はこれに比例する。また、送電線の電線半径をr、線間距離をDとすると、インダクタンスは$\log(D/r)$に比例し、静電容量はこれに反比例する。

【三角関数】

|三角関数| 三角関数は周知のように、例えば$y = a \sin x = a \cos(x - \pi/2)$のような形で示される。図2·2はその一例として$e = E_m \sin(\omega t + \theta)$、ただし、$\omega = 2\pi f$、$f$;周波数〔Hz〕を図示した。この場合の変数は時間$t$であって、図では$\omega t$をX軸に、それに対応する

|初期値| eをY軸にとってあらわした。この$t = 0$とおくと$e_0 = E_m \sin\theta$となるが、これを**初期値**(Initial value)といっている。さて、n次の任意の代数方程式$y = P(x^n)$でyのある値Qに対するxの値は$P(x^n) - Q = 0$を解くことによって与えられるが、そのxの値はn個以内であって、それ以上にはならない。ところが三角関数では下図に示したように、ある$y(e)$の値に対応する$x(\omega t)$の値は$P_1, P_2, P_3, P_4 \cdots\cdots$と無限にある。従って有限の根しかもちえない代数方程式で三角関数は表しえない。これが三角関

|周期関数| 数が超越関数であるゆえんで、三角関数が同じ値をある周期でくりかえす**周期関数**(Periodic function)であることに所来している。

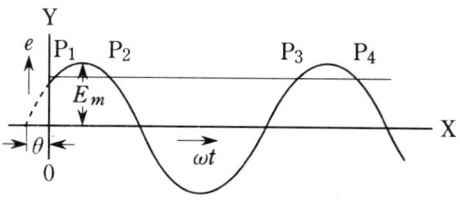

図2·2　三角関数の一例

|単振動| また、この形の関数なり上図の波を**単振動**(Simple Oscilation)ともいい、二つの単振動の和もまた同じ周期$(2\pi/\omega)$をもった一つの単振動になる。すなわち、

$$e = e_1 + e_2 = E_{m1} \sin(\omega t + \theta_1) + E_{m2} \sin(\omega t + \theta_2)$$
$$= \sqrt{M_1{}^2 + M_2{}^2} \sin(\omega t + \arctan M_2/M_1)$$

ただし、$M_1 = E_{m1} \cos\theta_1 + E_{m2} \cos\theta_2$, $M_2 = E_{m1} \sin\theta_1 + E_{m2} \sin\theta_2$

これは周期の同一な単振動の和であったが、周期の異なる例えば$e_1 = E_{1m} \sin\omega t$(基本波)と$e_3 = E_{3m} \sin 3\omega t$(第3調波)の和もまた図2·3に示すように基本波と同じ周期

ひずみ波　($2\pi/\omega$) をもった太線のような波形になる．この合成波を複合調和振動波またはひずみ波という．このひずみ波がどのような波形になる場合でも，これを

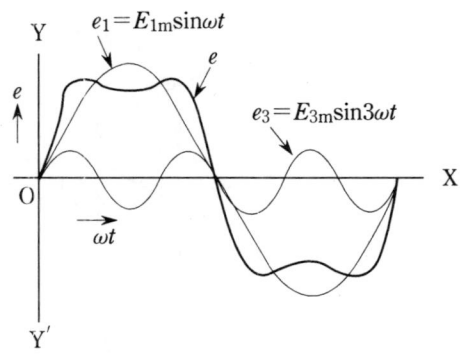

図 2·3　ひずみ波の例

$$y = f(t) = a_0 + a_1\cos\omega t + a_2\cos 2\omega t + a_3\cos 3\omega t$$
$$+ \cdots\cdots + a_n\cos n\omega t$$
$$+ b_1\sin\omega t + b_2\sin 2\omega t + b_3\sin 3\omega t$$
$$+ \cdots\cdots + b_n\sin n\omega t \tag{2·6}$$

なる三角関数の無限級数の和 —— 一種の三角多項式 —— で表すことができる．こ

フーリェ級数　の形の級数を**フーリェ(Fourier)の級数**といい，電気振動，波，音などの複合調和振動を単振動に分析し，あるいは逆に合成して取扱うのに応用される．

【逆三角関数】

三角関数 $y = \sin x$ で関数値 y を知って x を求めるには，電卓や三角関数表などによって y の値に対応する x の値を見出せばよいが，このことを $x = \arcsin y$ とか $x =$

三角関数　$\sin^{-1}y$ と書くが，この x と y を入れ替えると三角関数に対する逆三角関数 (Inverse trigometric function) がえられる．これを

$$y = \sin^{-1}x \quad \text{または} \quad y = \arcsin x$$

と書き，y イクオール・インバース・サイン x とかアークサイン x と読む．これは $\sin$ にかぎったことでなく，他の三角関数でも同様で，交流回路の力率の値が P である場合の電圧と電流の相差角 $\varphi = \cos^{-1}P$，で φ は P の逆コサインであらわされ，また，抵抗が R 〔オーム〕でリアクタンスが X 〔オーム〕の交流回路の電圧と電流の位相差 θ は $\theta = \tan^{-1}(X/R)$ で，θ は (X/R) の逆タンゼントで表される．図 2·4 は $y = \sin^{-1}x$ のグラフを示したもので，ある x の値に対応する y の値は無限にあるので逆三角関数も超越関数である．さてこの y の値で

$$-\frac{\pi}{2} \leq y \leq \frac{\pi}{2}$$

主値　の範囲内を**主値**といい，特に arc の a を大文字で書いて $\mathrm{Arcsin}\,x$ とか，s の字を大文字で書いて $\mathrm{Sin}^{-1}x$ というように区別する．図では，この部分を太線で示した．このよ

一般値　うな制限を受けないときを主値に対し**一般値**という．この $y = \mathrm{Sin}^{-1}x$ は x に対応する y の値が一つである 1 価関数であって，x の値を負にすると y の絶対値は同じだが負値になる奇関数であり，x の値が増すと y の値が増す増加関数である．この主値 $\mathrm{Sin}^{-1}x$ に対する

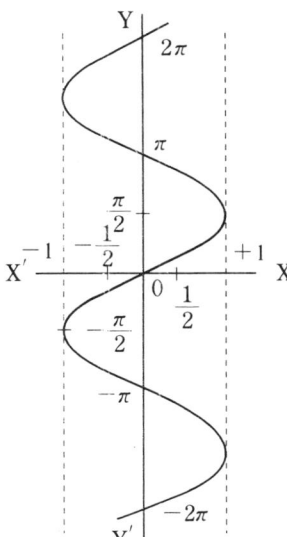

図2・4　$y=\sin^{-1}x$ のグラフ

関数の一般値は　$\sin^{-1}x = n\pi + (-1)^n \mathrm{Sin}^{-1}x$ （2・7）

ただし，nは0，±1，±2，±3…正負の整数となる．

　この逆三角関数は変数を適当に選ぶと，その使用がさけられるのであまり重要でないようであるが，積分にはよく出てくるので，これらの公式について補説しておこう．

　逆三角関数に関する公式は三角関数に関する公式を書き直してえられる．例えば，

$$2\cos^{-1}x = \cos^{-1}(2x^2-1)$$

という公式は $2\cos^{-1}x = y$ とおくと $x = \cos(y/2)$ となり

三角関数での半角の公式，$\cos\dfrac{A}{2} = \pm\sqrt{\dfrac{1+\cos A}{2}}$

で $A = y$ とおいて両辺を2乗すると

$$\cos^2\frac{y}{2} = x^2 = \frac{1+\cos y}{2} \quad \cos y = 2x^2-1$$

$$\therefore\quad y = 2\cos^{-1}x = \cos^{-1}(2x^2-1)$$

というように証明できる．次にその主なるものについて述べるが，その他のものは上記の要領で三角関数の公式から導出されよ．

（1）逆三角関数の三角関数は代数関数になる

　同じ名称の逆三角関数はもとにもどる．例えば，sinの値がxとなるような角のsinはxになる．すなわち $\sin(\sin^{-1}x) = x$ になる．ところが名称のちがう逆三角関数の三角関数はどうなるかを主値について考えてみよう．例えば，$\mathrm{Cos}^{-1}x = y$ だと $\mathrm{Cos}\,y = x$ であって

$$\mathrm{Sin}(\cos^{-1}x) = \mathrm{Sin}\,y = \sqrt{1-\mathrm{Cos}^2 y} = \sqrt{1-x^2} \qquad (2\cdot8)$$

となり，同様に

$$\mathrm{Cos}(\tan^{-1}x) = \frac{1}{\sqrt{1+x^2}}, \quad \mathrm{Tan}(\sin^{-1}x) = \frac{x}{\sqrt{1-x^2}}$$

2·3 初等関数の種類

$$\text{Tan}(\cos^{-1}x) = \frac{\sqrt{1-x^2}}{x} \tag{2·9}$$

などがえられる．このように逆三角関数の三角関数は代数関数になり，しかも，この代数関数は四則計算と平方根によって表される．

(2) 一つの逆三角関数の変数をかえると他の逆三角関数で表せる．

一応，主値について考えると，例えば $y = \text{Sin}^{-1}x$ とすると $\text{Sin}\,y = x$ であって

$$\text{Cos}\,y = \sqrt{1-\text{Sin}^2 y} = \sqrt{1-x^2} \qquad \text{Tan}\,y = \frac{\text{Sin}\,y}{\text{Cos}\,y} = \frac{x}{\sqrt{1-x^2}}$$

$$\therefore\ \text{Sin}^{-1}x = y = \text{Cos}^{-1}\sqrt{1-x^2} = \text{Tan}^{-1}\frac{x}{\sqrt{1-x^2}} \tag{2·10}$$

同様にして $\text{Cos}^{-1}x = \text{Sin}^{-1}\sqrt{1-x^2} = \text{Tan}^{-1}\dfrac{\sqrt{1-x^2}}{x}$ (2·11)

$$\text{Tan}^{-1}x = \text{Sin}^{-1}\frac{x}{\sqrt{1+x^2}} = \text{Cos}^{-1}\frac{1}{\sqrt{1+x^2}} \tag{2·12}$$

となるので，変数 x の代わりに例えば $\sqrt{1-x^2}$ を用いると逆正弦が逆余弦で書き表される．

(3) 逆三角関数の和と差の公式

一応，主値について考え，$\text{Sin}^{-1}x = y_1$，$\text{Cos}^{-1}x = y_2$ とおくと，$\text{Sin}\,y_1 = x$，$\text{Cos}\,y_2 = x$ となり，さらに

$$\text{Cos}^2 y_1 = 1 - \text{Sin}^2 y_1 = 1 - x^2 \qquad \therefore\ \text{Cos}\,y_1 = \pm\sqrt{1-x^2}$$

となるが，$\text{Sin}\,y_1$ の主値についてだから

$$-\frac{\pi}{2} \leq y_1 \leq +\frac{\pi}{2}$$

となるので $\text{Cos}\,y_1$ の値は正となり，$\text{Cos}\,y_1 = \sqrt{1-x^2}$ となり，また

$$\text{Sin}^2 y_2 = 1 - \text{Cos}^2 y_2 = 1 - x^2 \qquad \text{Sin}\,y_2 = \pm\sqrt{1-x^2}$$

となるが，$\text{Cos}\,y_2$ もその主値，すなわち $0 \leq y_2 \leq \pi$ においてだから $\text{Sin}\,y_2$ の値も正となり，$\text{Sin}\,y_2 = \sqrt{1-x^2}$ となり，三角関数の加法定理によると

$$\text{Sin}(y_1 + y_2) = \text{Sin}\,y_1 \text{Cos}\,y_2 + \text{Cos}\,y_1 \text{Sin}\,y_2 = x\cdot x + \sqrt{1-x^2}\sqrt{1-x^2} = 1$$

となるが，Sin の値が1となる最初の角 (y_1+y_2) は $\pi/2$ であって一般的には

$$(y_1+y_2) = n\pi + (-1)^n\frac{\pi}{2} \qquad \text{ただし，}n = 0,\ \pm1,\ \pm2\cdots\cdots$$

において成立する．しかし上記の y_1 および y_2 の条件を加えると

$$-\frac{\pi}{2} \leq (y_1+y_2) \leq \frac{3\pi}{2}$$

となるので，上式を成立させる n の値は0か1で，n が2以上になると $5\pi/2$ 以上になり不可である．ゆえに

$$y_1 + y_2 = \text{Sin}^{-1}x + \text{Cos}^{-1}x = \frac{\pi}{2} \tag{2·13}$$

となる．同様にして

$$\operatorname{Tan}^{-1}x + \operatorname{Cos}^{-1}x = \frac{\pi}{2} \tag{2·14}$$

$$\operatorname{Sin}^{-1}x_1 \pm \operatorname{Sin}^{-1}x_2 = \operatorname{Sin}^{-1}\left(x_1\sqrt{1-x_2{}^2} \pm x_2\sqrt{1-x_1{}^2}\right) \tag{2·15}$$

$$\operatorname{Cos}^{-1}x_1 \pm \operatorname{Cos}^{-1}x_2 = \operatorname{Cos}^{-1}\left(x_1 x_2 \mp \sqrt{1-x_1{}^2}\sqrt{1-x_2{}^2}\right) \tag{2·16}$$

$$\operatorname{Tan}^{-1}x_1 \pm \operatorname{Tan}^{-1}x_2 = \operatorname{Tan}^{-1}\frac{x_1 \pm x_2}{1 \mp x_1 x_2} \tag{2·17}$$

などが三角関数の公式をもとにして求められる．

以上では関数を表す数式の本質について関数を分類して説明したが，また，その形なり性質に応じて特別の名称が与えられている．次にこれらをまとめて説明する．

【その他の関数】

まず**陽関数**(Explicit function)と**陰関数**(Implicit function)であるが，これは関数式の表し方によって名づけられたもので，yがxの式，例えば$y = ax^2 + bx + c$というように$y = f(x)$の形で表されたとき，これを陽関数といい，例えば$x^2 - y\sin x = 0$とか$axy^3 + bx^2 y = 0$，というように$f(x, y) = 0$の形で表されたとき，これを陰関数という．

陽関数
陰関数

この$f(x, y) = 0$をyについて解いて陽関数に直しうることもあるが，yに関する5次式以上になると，一般の代数記号を使っては解けないので陰関数のままの形にしておく方が賢明なことが多い．また，xとyが共通な変数を媒介として結びつけられることがある．例えば$x = f(t) = \cos\omega t$, $y = g(t) = \sin\omega t$, としてxとyが関係づけられたとき，この共通な変数tを**助変数**(Assistant variable)または**媒介変数**(Parameter)といい，このあらわし方を**助変数表示**ともいう．このtを消去してxとyを直接に結びつけるには，この場合は

助変数
媒介変数

$$x^2 + y^2 = \cos^2\omega t + \sin^2\omega t = 1$$

とする．このxとyの関係は原点を中心とした半径1の円になる．したがってxとyの関係が円になる関数関係の表し方には

陽関数	陰関数	助変数表示
$y = \pm\sqrt{1-x^2}$	$x^2 + y^2 - 1 = 0$	$x = \cos\omega t,\ y = \sin\omega t$

の三つがある．

次に関数の関数について説明しよう．例えば電動機の速度変動率は，そのはずみ車効果の大きいほど小さく，はずみ車効果の関数になるが，このはずみ車効果は電動機の角速度ωの2乗に比例し，角速度の関数になるので，速度変動率は角速度の関数の関数になる．

関数の関数

一般に$z = \varphi(x)$であり$y = f(z)$であることを$y = f\{\varphi(x)\}$と記し，yはxの**関数の関数**であるという．次に，この関数の関数をグラフ上で求める実用上便利な方法を説明しよう．

図2·5で$z = \varphi(x)$および$y = f(z)$の曲線が図のように与えられたとき，この図上で$\angle$XOYを2等分する$x = y$の直線を引き，$z = \varphi(x)$の曲線について$x = \overline{\mathrm{OA}} = x_1$にとる．このA点に立てた垂線と$z = \varphi(x)$の曲線の交点をPとすると，$\overline{\mathrm{PA}} = \varphi(x_1)$に相

当する．このP点からX軸の平行線を引き$x=y$直線との交点をQとし，このQ点よりX軸に垂線を立て，その足をB，$y=f(z)$曲線との交点をRとする．

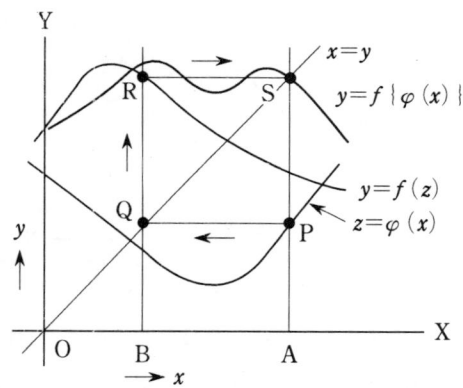

図 2·5 合成関数の作図法

$$\varphi(x_1) = PA = QB = OB \qquad \therefore RB = f(OB) = f\{\varphi(x_1)\}$$

になる．このR点からPAの延長に垂線RSを引くと，このS点がx_1の値に応ずる
　　　合成関数　$y = f\{\varphi(x_1)\}$
を表すことになる．そこで種々のxの値に応ずる合成関数を求めてゆくと，太線のような$y = f\{\varphi(x)\}$の曲線がえられる．

次に**1価関数**（One-valued function）と**多価関数**（Many-valued function）を説明しよう．1価関数というのは自変数xの一つの値に対応する関数値yが一つしかない，例えば$y = ax + b$, $y = \text{Sin}^{-1}x$のような場合をいい**単値関数**ともいう．これに対してxの一つの値に対応する関数値yが二つ以上のとき，例えば$y = \pm\sqrt{1-x^2}$とか$y = \sin x$のような場合を**多価関数**とも複値関数ともいう．この多価関数は1価関数の集まりとも見なしうる．例えば$y = \pm\sqrt{x}$は$y = \sqrt{x}$と$y = -\sqrt{x}$に分けて考えることができる．このときこれらの1価関数を原多価関数の**枝関数**（Branch function）ということもある．

さて関数$y = f(x)$をグラフに画くことを「曲線を追跡する」というが，こうして関数のもつ性質を調べるとき問題となる点は，関数値の正または負となるのはどの区間か，また，関数値が零となる関数の零点はxのどのような値のときか，関数の変化の状況，すなわち増加または減少するのはどの区間か，一定となる区間があるか，わん曲する区間があるか，極大点や極小点があるか，それらはxのどのような値のときか，または，その対称性はどうか，yを実数とする変域はどうか，座標の一方または双方を無限大としないかなどである．関数値yが増加するというのは，変数xを増したときyも増し，逆にyを増すとxも増す．これを**増加関数**（Increase function）といい，これに反しxを増すとyの減少するものを**減少関数**（Decrease function）という．

関数$y = f(x)$が$x_1 < x_2$の区間で$f(x_1) < f(x_2)$なら，関数はこの区間で増加関数であり，逆に$x_1 < x_2$の区間で$f(x_1) > f(x_2)$だと減少関数である．また，$y = f(x)$がxのある変域内で増加または減少のみの変化をするとき，$f(x)$は単調に変化するという．

関数がこのような単調な変化をせず図2·6のようにある区間(a, b)内で増加して減少し，またはその反対の変化をするときは極大点または極小点をその区間内に有することになる．図の$f(x)$は区間$a \leq x \leq c$で増加し，区間$c \leq x \leq b$で減少し，$x = c$

極大値 で $y=f(c)$ は**極大値**（Maximum）となる．これに反して $\varphi(x)$ は $a\leqq x\leqq d$ で減少し $d\leqq$
極小値 $x\leqq b$ で増加し，$x=d$ で $y=\varphi(d)$ は**極小値**（Minimum）となる．

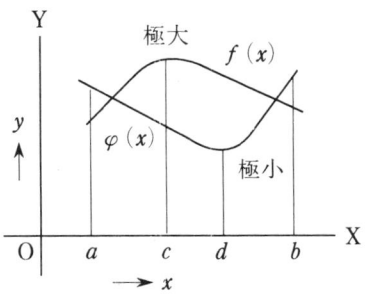

図2·6 極大点と極小点

偶関数　また，$y=f(x)$ で，x の代わりに $-x$ を入れても符号の変わらない $y=x^2$ などを**偶関**
奇関数 **数**（Even function）といい，符号の変わる $y=x^3$ などを**奇関数**（Odd function）といい，図2·7に示すように，偶関数はY軸に対して線対称となり，奇関数は原点Oに対し点対称となる．

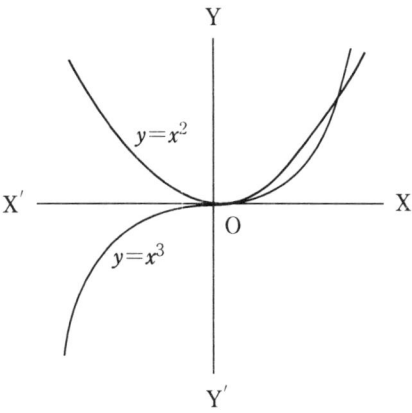

図2·7　線対称と点対称

多元関数　次に**多元関数**（Many element function）を説明しよう．例えば鉄心の渦電流損 w_e は磁束密度 B_m，周波数 f，厚さ b，抵抗率 ρ によって変わるので，w_e はこの四つの変数からなる関数になるので多元関数である．もっとも B_m のみとか f のみ変化するときは多元関数でなくなり，同じ関数でも条件次第でその何れともなる．

最後に**連続関数**（Continuance function）と**不連続関数**（Uncontinuance）を説明しよう．関数 $y=f(x)$ が x のある値に対し有限な値をもつとすると，x をごく僅か $\varDelta x$ だけ変化すると関数の値は $\varDelta y=f(x+\varDelta x)-f(x)$ だけ変化する．この $\varDelta x$ を小さくするに
連続関数　従って $\varDelta y$ の値が限りなく小さくなると，この関数は連続関数である．ところが図2·8に示すように $t<0$ では0で，$t>0$ で一定値1となる**ヘビサイドの単位関数1**（Heaviside's unit function）とか，重量をX軸に料金をY軸にとしてあらわした郵便料金は階段状の関数になるが，これらでは例えば図で $t=0$ では $\varDelta x$ を小さくしても $\varDelta y$
不連続関数 は一定値1で小さくならないから明らかに不連続関数である．

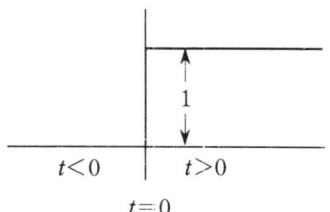

図2·8　ヘビサイドの単位関数

3 極限値への考察

3・1 極限値の正体

速度

　ニュートンやライプニッツは時間 t に対応する走行距離 s が図3・1のような曲線を画く運動体のP点での速度は，これに接近してQ点をとったとき，P点からQ点への所要時間は Δt であり，走行距離は Δs で，その間の速度は $\Delta s / \Delta t$ になるが，この Δt を限りなく0に接近した極限での $\Delta s / \Delta t$ はP点の速度になるものとし，

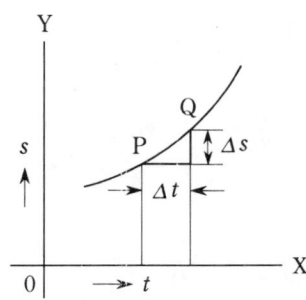

図3・1　極限値への考え方

$$v_P = \lim_{\Delta t \to 0} \frac{\Delta s}{\Delta t} = \frac{ds}{dt} \quad (\text{lim.　リミットと読み極限の略字})$$

　　注：Δs（デルタエス），Δt（デルタティ）は Δ と文字が一つになって微小量を示し，$\Delta \times s$ や $\Delta \times t$ ではない．

と考えた．これが微分法の根本的な考え方であるが，当時，哲学者バークリーは，これに対し極限での $\Delta t = 0$ なら Δs も $\Delta s = 0$ となり，$\Delta s / \Delta t = 0/0$ で不定形になり，その値は定まらないでないかと，この新しい数学をきびしく攻撃した．さすがのニュートンやライプニッツも，これに対し明快な説明ができず悩まされたということである．

ゼノンの背理

　これはバークリーが，古代ギリシヤにおける弾丸走者アキレウスも先発した亀には永久に追いつけないというゼノンの背理にとりつかれていたからである．ゼノンは無限に分割した無限小を一つの量と考える固定的な観念をもって背理をあみ出したのであって，無限小 ds や dt はそのような有限のはての一つの量ではない．無限に小さくなっていく変量であって，このことはコーシーが「無限小とは限りなく小さくなっていく変量——零に収束する変数」として，その真姿を明らかにしている．ユークリッド原論でも無限を有限の延長として，その底に無限を固定したものとする考え方が流れていて，これが変動的な数学への進歩を阻止するブレーキとなった．したがって無限大も同様で限りなく大きくなっていく変量である．

3・2 関数の極限値

数列の極限値

まず数列の極限値から説明しよう．ある変数xの値が限りなくある値aに近づくとき，いいかえるとxのとる値とaの差の絶対値が，どのように小さい任意の正数εよりも小さくできる$0<|x-a|<\varepsilon$のとき「変数xはaに**収束**(しゅうそく)，または**収斂**(しゅうれん)(Converge)する」という．$|x-a|$が無限小になると解してもよい．このことを記号$x \to a$で表す．

収束，収斂

一般に$x_1, x_2, x_3, \cdots, x_n \cdots$なる数列を$\{x_n\}$と記し，$\lim\limits_{n\to\infty} x_n = a$であると，数列$\{x_n\}$は$a$に収束するといい，その極限値は$a$であるという．

極限値

この数列$\{x_n\}$が収束するための判定条件は

「数列が収束するための必要にして十分な条件は，どんな小さな正数εを与えても，これに対してある番号mが定まり，それより大きいどんな二つの番号k, hをとっても，常に$|x_h - x_k| < \varepsilon$となることである」

例えば，数列$1, \dfrac{1}{2}, \dfrac{1}{3}, \cdots, \dfrac{1}{n} \cdots$

で$m=1000$とおくと$x_m = \dfrac{1}{1000} = \varepsilon$であり，これより大きい$k=1500, h=2000$をとると

$$\left|\dfrac{1}{2000} - \dfrac{1}{1500}\right| = \dfrac{1}{6000} < \dfrac{1}{1000} = \varepsilon$$

となるので，この数列は収束する．nを∞に近づけるにしたがって，その項は限りなく0に近づく．この数列$\{x_n\}$の代わりに任意の関数$y=f(x)$をとって考えると，その変数xのある変域を$a_1 \leqq x \leqq a_2$とし，その変域内に一定値aがあるものとし，このとき，変数xの値をかぎりなくaに近づけたとき，これに対応して関数$y=f(x)$の値もまた，かぎりなくbに近づくなら，$x \to a$なるときの$f(x)$の極限はbであるという．または，xがaに収束するとき，関数$f(x)$はbに収束するともいう．

このことをさらに厳密にいうと，

「$y=f(x)$の変数xとaとの差を任意に小とし，適当に小なる正数δよりも小としたとき，$f(x)$とbの差をどれほどでも思うままに小さくできるとき，すなわち，適当に定められた小さな正数εよりも小さくできるとき，$f(x)$の極限はbであるという」

したがって，$0<|x-a|<\delta$の関係を満足させるすべてのxに対し常に$|f(x)-b|<\varepsilon$が成立するとき，$x \to a$なるとき$f(x) \to b$であるとし，これを下記のように表す．

$$\lim_{x \to a} f(x) = b \quad リミット x が a の f(x) イコール b と読む．$$

さて，この与えられた関数$y=f(x)$が極限値をもつための条件は数列の場合と同様で「$x \to a$のとき$f(x)$がある有限な極限値をもつための必要かつ十分な条件は，どのような正数εをとっても，それに対応して小さな正数δがあって，$0<|x-a|<\delta$の範囲内で任意の二つのxの値x_k, x_hに対して

$$|f(x_h) - f(x_k)| < \varepsilon$$

―16―

なる条件が成立することである」

これは図3・2に示したように $0<|x-a|<\delta$ のとき $|f(x)-b|<\varepsilon$ であるから，当然

$$|f(x_h)-b|<\varepsilon, \quad |f(x_k)-b|<\varepsilon$$

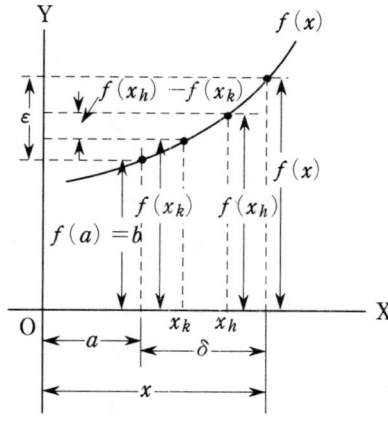

図3・2 関数の収束条件

となり，

$$f(x_h)-f(x_k) = \{f(x_h)-b\} + \{b-f(x_k)\}$$

であって，二つの｛ ｝内の絶対値の和は2εとなって，

$$|f(x_h)-f(x_k)|<2\varepsilon$$

ここで，2εを改めて与えられたεとすると前式が成立する．

例えば，$\lim_{x\to 2}\dfrac{x^2-4}{x-2}$ は一見0/0になって極限値がないようだが，$x\to 2$の近傍で$\delta=0.1$として，この2と2.1の間で$x_h=2.01$，$x_k=2.001$とすると

$$|f(x_h)-f(x_k)| = 4.01-4.001 = 0.009$$

となって，δに対応してεが十分に小さい数になり，この関数は$x\to 2$に対応する極限値を有する．すなわち，

$$\lim_{x\to 2}\frac{x^2-4}{x-2} = \lim_{x\to 2}\frac{(x+2)(x-2)}{(x-2)} = \lim_{x\to 2}(x+2) = 4$$

以上でつけ加えておきたいことは，変数xがある値aに接近する場合に二つの方法がある．その一つはaより大きい値から減少してaに近づく場合で，これを $x\to a+0$ または $x\to a+$ と記し，反対にxがaより小さい値から増加してaに近づくとき，これを $x\to a-0$ または $x\to a-$ と記する．例えば

$$\lim_{x\to 2+0}\frac{x+2}{x^2-4} = +\infty, \quad \lim_{x\to 2-0}\frac{x+2}{x^2-4} = -\infty$$

というように記する．ところが前例では何れからxが2に接近しても同じ極限値になるので，このような場合は単に $x\to 2$ と記する．

無限大　さて既述したように**無限大**（Infinity）は無限に大きくなっていく変量であり，同様
無限小　に**無限小**（Infinitesimal）は無限に小さくなっていく変量であって速度をもっている．
次数，位数　この速度を**次数**とか**位数**といい，同じ速度のものを**同位**であるという．極限値とし
同位　て無限大や無限小を取扱う場合には，この位数をよく考えて無限大や無限小になる

状態をよく観察しないと誤った結果になる．例えば

$$\lim_{n\to\infty}\frac{1+2+3+\cdots+n}{n^2} \longrightarrow \frac{\infty}{\infty} ?$$

で直ちにnを∞とおくと∞/∞になって不定形になるが，これは無限大になる速さ，すなわち位数のちがうn^2とnを同時に∞とおいたためである．この分子は等差級数でその総和Sは

$$S = 1+2+3+\cdots+n$$
$$S = n+(n-1)+(n-2)\cdots+1$$

とおいて両辺の和をとると，各項は何れも$(n+1)$で，これがn個あるので，

$$2S = n(n+1) \quad \therefore \quad S = \frac{1}{2}n(n+1)$$

となり，これを原式に入れて整理すると

$$\lim_{n\to\infty}\frac{\frac{1}{2}(n^2+n)}{n^2} = \lim_{n\to\infty}\frac{1}{2}\left(1+\frac{1}{n}\right) = \frac{1}{2}(1+0) = \frac{1}{2}$$

というようになる．また

$$\lim_{x\to 0}\frac{1-\sqrt{1-x^2}}{x^2} \to \frac{0}{0} ?$$

で直ちにxを0とおくと$0/0$になって不定形になる．これは無限小になる速度のちがうx^2と$\sqrt{1-x^2}$を同時に0としたためである．原式を整理して

$$\lim_{x\to 0}\frac{1-\sqrt{1-x^2}}{1-(1-x^2)} = \lim_{x\to 0}\frac{1}{1+\sqrt{1-x^2}} = \frac{1}{1+\sqrt{1-0}} = \frac{1}{2}$$

というようにして極限値を求める．

上述のように，変数xの関数$f(x)$の値は，xの増大または減少とともに，限りなく増大して無限大になるか，逆に限りなく減少して無限小になるか，あるいはその変化が次第に減少して一定値に収束するか，この3者の何れかになる．

3・3　極限値に関する定理

次に各種の関数の極限値を求める場合の基礎となる極限値に対する一般的な定理を説明しよう．

定理1；有限個の関数が，それぞれ極限値を有するとき，これらの関数の代数和の極限値は，各関数の極限値の代数和に等しい．

今，$x\to a$になるときxの関数である$f_1(x),\ f_2(x)\cdots f_n(x)$の極限値が$b_1,\ b_2,\ \cdots,\ b_n$になるとする．すなわち，

$$\lim_{x\to a}f_1(x) = b_1,\ \lim_{x\to a}f_2(x) = b_2,\ \cdots,\ \lim_{x\to a}f_n(x) = b_n$$

また，$\varepsilon_1,\ \varepsilon_2,\ \cdots,\ \varepsilon_n$を任意に小さな数として

$$f_1(x) = b_1 + \varepsilon_1,\ f_2(x) = b_2 + \varepsilon_2,\ \cdots\cdots,\ f_n(x) = b_n + \varepsilon_n$$

とおくと，上記より $x \to a$ となると，$\varepsilon_1,\ \varepsilon_2,\ \cdots\cdots,\ \varepsilon_n$ は何れも無限小になる．ゆえに

$$[f_1(x) + f_2(x) + \cdots\cdots + f_n(x)] - [b_1 + b_2 + \cdots\cdots + b_n] = \varepsilon_1 + \varepsilon_2 + \cdots\cdots + \varepsilon_n$$

は，$x \to a$ において右辺の $\varepsilon_1 + \varepsilon_2 + \cdots\cdots + \varepsilon_n$（無限小の和もまた無限小になる）は無限小となり，かぎりなく0に接近するので

$$\lim_{x \to a}[f_1(x) + f_2(x) + \cdots\cdots + f_n(x)] = b_1 + b_2 + \cdots\cdots + b_n$$

$$= \lim_{x \to a} f_1(x) + \lim_{x \to a} f_2(x) + \cdots\cdots + \lim_{x \to a} f_n(x) \qquad (3\cdot 1)$$

なお，k を定数とすると，これは $\lim_{x \to a} kx^0 = ka^0 = k$ と考えられるので

$$\lim_{x \to a}[f(x) + k] = \lim_{x \to a} f(x) + k$$

となる．例えば

$$\lim_{x \to 1}(2x^2 + 3x - 2) = 2 \times 1 + 3 \times 1 - 2 = 3$$

となる．しかし項数が無限になるときは ── 定理では有限個と限定している ── この定理に従わない．例えば

$$\lim_{x \to \infty}\left(\frac{1}{x^2} + \frac{2}{x^2} + \frac{3}{x^2} + \cdots\cdots + \frac{x}{x^2}\right)$$

にこの定理をあてはめると極限値は0になるが，原式を $\frac{1}{x^2}$ でくくると括弧内は等差級数になり，

$$原式 = \frac{1}{x^2} \cdot \frac{x(x+1)}{2} = \frac{1}{2} + \frac{1}{2x}$$

$$\therefore\quad \lim_{x \to \infty}\left(\frac{1}{2} + \frac{1}{2x}\right) = \frac{1}{2} + 0 = \frac{1}{2}$$

となる．

定理2；有限個の関数がそれぞれ極限値を有するとき，これらの関数の積の極限値は各関数の極限値の積に等しい．

今，2個の関数の場合について $\lim_{x \to a} f_1(x) = b_1$，$\lim_{x \to a} f_2(x) = b_2$ とし，$\varepsilon_1,\ \varepsilon_2$ を任意に小さな数として，

$$f_1(x) = b_1 + \varepsilon_1,\ f_2(x) = b_2 + \varepsilon_2$$

とおくと，$x \to a$ になると $\varepsilon_1,\ \varepsilon_2$ は限りなく0に接近する．そこで両者の積をとると

$$f_1(x) \cdot f_2(x) = (b_1 + \varepsilon_1)(b_2 + \varepsilon_2) = b_1 b_2 + b_1 \varepsilon_2 + b_2 \varepsilon_1 + \varepsilon_1 \varepsilon_2$$

したがって，$f_1(x) \cdot f_2(x) - b_1 b_2 = b_1 \varepsilon_2 + b_2 \varepsilon_1 + \varepsilon_1 \varepsilon_2$

ここで $x \to a$ とすると上式の右辺は限りなく0に接近するので

$$\lim_{x \to a}[f_1(x) \cdot f_2(x)] = b_1 b_2 = \lim_{x \to a} f_1(x) \cdot \lim_{x \to a} f_2(x) \qquad (3\cdot 2)$$

となる．n 個の関数の乗積のときは，はじめ $(n-1)$ 項と1項の積と考え，さらに $(n-1)$ 項を $(n-2)$ 項と1項の積と考え，……というように考えていくと各項の極限値の積になる．

なおkを定数とすると，この定理より
$$\lim_{x \to a} kf(x) = \lim_{x \to a} k \cdot \lim_{x \to a} f(x) = k\lim_{x \to a} f(x)$$
になる．また，
$$\lim_{x \to a} x^n = \lim_{x \to a}(x \cdot x \cdots x) = \lim_{x \to a} x \cdot \lim_{x \to a} x \cdots \lim_{x \to a} x = \left(\lim_{x \to a} x\right)^n$$
というようになる．

定理3；二つの関数の商の極限は各関数の極限値の商に等しい．ただし，この場合，除数である関数の極限値は0にならないものとする．

今二つの関数を $\lim_{x \to a} f_1(x) = b_1$, $\lim_{x \to a} f_2(x) = b_2$ としε_1, ε_2を任意に小さな数として，
$$f_1(x) = b_1 + \varepsilon_1,\ f_2(x) = b_2 + \varepsilon_2$$
とおくと
$$\frac{f_1(x)}{f_2(x)} - \frac{b_1}{b_2} = \frac{b_1 + \varepsilon_1}{b_2 + \varepsilon_2} - \frac{b_1}{b_2} = \frac{b_2 \varepsilon_1 - b_1 \varepsilon_2}{b_2(b_2 + \varepsilon_2)}$$
となり，この右辺の分子は $x \to a$ で無限小になり，分母は有限(b_2^2)だから，その商は無限小となり限りなく0に接近するので
$$\lim_{x \to a} \frac{f_1(x)}{f_2(x)} = \frac{b_1}{b_2} = \frac{\lim_{x \to a} f_1(x)}{\lim_{x \to a} f_2(x)} \tag{3・3}$$
となる．また，kを定数とすると，この定理より
$$\lim_{x \to a} \frac{k}{f_2(x)} = \frac{\lim_{x \to a} k}{\lim_{x \to a} f_2(x)} = \frac{k}{\lim_{x \to a} f_2(x)}$$
となる．例えば
$$\lim_{x \to 0} \frac{a - \sqrt{a^2 - x^2}}{x^2} = \lim_{x \to 0} \frac{a^2 - a^2 + x^2}{x^2(a + \sqrt{a^2 - x^2})} = \lim_{x \to 0} \frac{1}{a + \sqrt{a^2 - x^2}} = \frac{1}{2a}$$
というように求められる．

以上の三つの定理をひっくるめると
「加減乗除によって組合わされた関数の極限値は，それぞれの関数の極限値を求めてから，原式通りの加減乗除を行ってよい」
ということになる．

3・4　重要な関数の極限値

〔1〕　$\lim_{x \to a} \dfrac{x^n - a^n}{x - a} = na^{n-1}$　　ただし$a > 0$, $x > 0$ 　　　　　(3・4)

実際に分母を分子で除すると原式は
$$f(x) = x^{n-1} + ax^{n-2} + a^2 x^{n-3} + \cdots + a^{n-1}$$

3・4 重要な関数の極限値

となるので

$$\lim_{x \to a}\frac{x^n - a^n}{x-a} = a^{n-1} + a^{n-1} + a^{n-1} + \cdots\cdots + a^{n-1} = na^{n-1}$$

となる．このことは$0 < n < 1$, $n < 0$, $n = 0$でも成立し，nが無理数でも成立つ．

[2] $\displaystyle\lim_{h \to 0}\frac{(x+h)^n - x^n}{h} = nx^{n-1}$ \hfill (3・5)

前例の$\dfrac{x^n - a^n}{x-a}$で$x = a+h$とおくと $x \to a$, $h \to 0$となり

$$f(x) = \frac{(a+h)^n - a^n}{(a+h) - a} = \frac{(a+h)^n - a^n}{h}$$

この式でaをxに書き換えると

$$\lim_{h \to 0}\frac{(x+h)^n - x^n}{h} = nx^{n-1}$$

というようになる．この式で$h \neq 0$で絶対値が小さい数とすると

$$(x+h)^n \fallingdotseq x^n + nhx^{n-1}$$

が成立する．この式は$h \ll x$のときの近似式としてよく用いられる．

[3] $\displaystyle\lim_{n \to \pm\infty}\left(1 + \frac{1}{n}\right)^n = \varepsilon$ \hfill (3・6)

εは自然対数の底数で$\varepsilon = 2.71828\cdots\cdots$

(1) nが正の整数の場合

後述する二項定理による展開式は

$$(1+x)^n = 1 + \binom{n}{1}x + \binom{n}{2}x^2 + \cdots\cdots + \binom{n}{i}x^i + \cdots\cdots + \binom{n}{n-1}x^{n-1} + x^n \tag{3・7}$$

となり，右辺の項数は$(n+1)$個になる．ここでの$\binom{n}{i}$は，いわゆる二項係数で

$$\binom{n}{i} = \frac{n(n-1)(n-2)\cdots\cdots(n-i+1)}{1 \cdot 2 \cdot 3 \cdots\cdots i}$$

例えば $\binom{n}{4} = \dfrac{n(n-1)(n-2)(n-3)}{1 \times 2 \times 3 \times 4}$

また，$1 \cdot 2 \cdot 3 \cdots\cdots i$の連乗積を$i!$（$i$の階乗と読む）で表す．したがって原式を二項定理によって展開すると

$$\left(1 + \frac{1}{n}\right)^n = 1 + \frac{n}{1}\cdot\frac{1}{n} + \frac{n(n-1)}{2!}\cdot\frac{1}{n^2} + \frac{n(n-1)(n-2)}{3!}\cdot\frac{1}{n^3} + \cdots\cdots$$

$$= 1 + \frac{1}{1} + \frac{1 - \dfrac{1}{n}}{2!} + \frac{\left(1-\dfrac{1}{n}\right)\left(1-\dfrac{2}{n}\right)}{3!} + \cdots\cdots$$

となる．mをnより小さい任意の正の整数とし，nが増すとき，mは一定の値を保つものとし，上記の展開式で初めから$(m+1)$項までの和を$S_{m+1}{}'$とし，残りの$(n-m)$の項の和を$R_{m+1}{}'$とすると

$$\left(1+\frac{1}{n}\right)^n = S_{m+1}' + R_{m+1}'$$

となる．この S_{m+1}' は上記の展開式より

$$S_{m+1}' = 1 + \frac{1}{1} + \frac{\left(1-\frac{1}{n}\right)}{2!} + \frac{\left(1-\frac{1}{n}\right)\left(1-\frac{2}{n}\right)}{3!} + \cdots\cdots$$

$$\cdots\cdots + \frac{\left(1-\frac{1}{n}\right)\left(1-\frac{2}{n}\right)\cdots\cdots\left(1-\frac{m-1}{n}\right)}{m!}$$

ここで，$n \to \infty$ とすると，上式の分子の各因数 $\left(1-\frac{1}{n}\right)\left(1-\frac{2}{n}\right)\cdots\cdots$ の極限値はすべて1に等しく，因数の数は有限個だから，各分子の極限値はすべて1になる．故に $n \to \infty$ のときの $S_{m+1}' \to S_{m+1}'$ とすると

$$S_{m+1} = \lim_{n \to \infty} S_{m+1}' = 1 + \frac{1}{1} + \frac{1}{2!} + \frac{1}{3!} + \cdots\cdots + \frac{1}{m!}$$

になる．次に R_{m+1}' の第1項は明らかに

$$\frac{\left(1-\frac{1}{n}\right)\left(1-\frac{2}{n}\right)\cdots\cdots\left(1-\frac{m}{n}\right)}{(m+1)!}$$

となり，この項はこれ以下のすべての項の因数となる．そこで以下をこの項でくくると

$$R_{m+1}' = \frac{\left(1-\frac{1}{n}\right)\left(1-\frac{2}{n}\right)\cdots\left(1-\frac{m}{n}\right)}{(m+1)!}\left\{1 + \frac{1-\frac{m+1}{n}}{m+2} + \frac{\left(1-\frac{m+1}{n}\right)\left(1-\frac{m+2}{n}\right)}{(m+2)(m+3)} + \cdots\right\}$$

この右項の { } 内は $(n-m)$ 項までつづく．

さて，この式において分子の

$$\left(1-\frac{1}{n}\right), \ \left(1-\frac{2}{n}\right), \ \cdots\cdots, \ \left(1-\frac{m+1}{n}\right)\cdots$$

$$\cdots, \ \left\{\left(1-\frac{m+(n-m-1)}{n}\right) = \left(1-\frac{n-1}{n}\right)\right\}$$

の各因数は，すべて1より小さい正数である．今これを1でおきかえる．また，分母の $(m+1), (m+2), (m+3)\cdots\cdots n$ なる各因数を $m+1$ でおきかえると，分子が大きくなり分母が小さくなるので，R_{m+1}' の値は増大し，次式のようになる．

$$R_{m+1}'' = \frac{1}{(m+1)!}\left\{1 + \frac{1}{m+1} + \frac{1}{(m+1)^2} + \cdots\cdots\right\}$$

この { } 内は初項 $a = 1$，公比 $r = \frac{1}{m+1}$，項数 $n' = n - m$ である等比級数であるから，その総和は

$$S = a + ar + ar^2 + \cdots\cdots + ar^{n-1}$$

3・4 重要な関数の極限値

$$rS = ar + ar^2 + \cdots\cdots + ar^n$$

前式より後式を引くと $S(1-r) = a - ar^n = a(1-r^n)$

$$S = \frac{a(1-r^n)}{1-r} = \frac{1 - \dfrac{1}{(m+1)^{n-m}}}{1 - \dfrac{1}{m+1}} = \frac{m+1}{m}\left\{1 - \frac{1}{(m+1)^{n-m}}\right\}$$

というようになり，この $\{\ \}$ 内は m より大きい n のすべての値に対して 1 より小さくなるので，S の値は $(m+1)/m$ より小さい．

いま，$n \to \infty$ とすると，$S = (m+1)/m$ となり

$$R_{m+1}'' = \frac{1}{(m+1)!} \times \frac{m+1}{m} = \frac{1}{m \cdot m!}$$

したがって，R_{m+1}' は m より大きい n のすべての値に対して，この R_{m+1}'' より小さい正数となる．ところが上述したように

$$\lim_{n\to\infty}\left(1+\frac{1}{n}\right)^n = \lim_{n\to\infty} S_{m+1}' + \lim_{n\to\infty} R_{m+1}'$$

であって，右辺の第1項は S_{m+1} に等しく，第2項は R_{m+1}'' より小さい正数である．そこで次の関係が成立つ．

$$\lim_{n\to\infty}\left(1+\frac{1}{n}\right)^n > S_{m+1} = 1 + \frac{1}{1} + \frac{1}{2!} + \frac{1}{3!} + \cdots\cdots + \frac{1}{m!}$$

$$\lim_{n\to\infty}\left(1+\frac{1}{n}\right)^n < S_{m+1} + R_{m+1}'' = 1 + \frac{1}{1} + \frac{1}{2!} + \frac{1}{3!} + \cdots\cdots$$
$$\cdots\cdots + \frac{1}{m!} + \frac{1}{m \cdot m!}$$

この m の値を大きくとればとるほど，$\lim_{n\to\infty} R_{m+1}' = R_{m+1}$ が著しく小となる．例えば $m = 12$ とすると

$$\frac{1}{m \cdot m!} = \frac{1}{12 \times 1 \times 2 \times 3 \times \cdots\cdots \times 12} < 3 \times 10^{-10}$$

というようになるので，$m = 12$ ぐらいまで計算すると，ε の十分な近似値がえられ，その値は $\varepsilon = 2.718281828459$ である．

また $S_{m+1} = 1 + \dfrac{1}{1} + \dfrac{1}{2!} + \dfrac{1}{3!} + \cdots\cdots + \dfrac{1}{m!}$

に対して

$$S_{m+1}'' = 1 + \frac{1}{1} + \frac{1}{2} + \frac{1}{2^2} + \cdots\cdots + \frac{1}{2^{m-1}}$$

なる級数を考えると，明らかに $S_{m+1} < S_{m+1}''$ であって，S_{m+1}'' の第3項目以下は初項 $a = \dfrac{1}{2}$，公比 $r = \dfrac{1}{2}$，項数 $n' = m-1$ なる等比級数になるので，

$$S_{m+1}'' = 2 + \frac{\dfrac{1}{2}\left(1 - \dfrac{1}{2^{m-1}}\right)}{1 - \dfrac{1}{2}} = 2 + 1 - \frac{1}{2^{m-1}} = 3 - \frac{1}{2^{m-1}}$$

3 極限値への考察

であって，$m \to \infty$ とすると S_{m+1}'' は3であるから

$$S_{m+1} < S_{m+1}'' < 3$$

であって ε の値は3以上とはならない．また，上述から $\varepsilon - S_{m+1} = R_{m+1}$ であり $\lim_{m \to \infty} R_{m+1} = 0$ となるので，結局は下式のようになる．

$$\varepsilon = \lim_{n \to \infty}\left(1 + \frac{1}{n}\right)^n = \lim_{m \to \infty}\left(1 + \frac{1}{1} + \frac{1}{2!} + \frac{1}{3!} + \cdots\cdots + \frac{1}{m!}\right)$$

(2) n が正の分数の場合

n が正の分数で，その値が相隣る二つの整数 m と $m+1$ の間にあるとき，すなわち

$$m < n < m+1$$

のとき，その逆数をとると $\frac{1}{m} > \frac{1}{n} > \frac{1}{m+1}$ となる．

この各項に1を加え，第1項を n より大きい $(m+1)$ 乗とし，第2項を n 乗とし，第3項を n より小さい m 乗としても，この関係は一層確実に成立する．

$$\left(1 + \frac{1}{m}\right)^{m+1} > \left(1 + \frac{1}{n}\right)^n > \left(1 + \frac{1}{m+1}\right)^m$$

ここで，

$$\lim_{m \to \infty}\left(1 + \frac{1}{m}\right)^{m+1} = \lim_{m \to \infty}\left(1 + \frac{1}{m}\right)^m \times \lim_{m \to \infty}\left(1 + \frac{1}{m}\right) = \varepsilon \times 1 = \varepsilon$$

$$\lim_{m \to \infty}\left(1 + \frac{1}{m+1}\right)^m = \lim_{m \to \infty}\left(1 + \frac{1}{m+1}\right)^{m+1} \div \lim_{m \to \infty}\left(1 + \frac{1}{m+1}\right) = \varepsilon \div 1 = \varepsilon$$

$$\therefore \quad \varepsilon > \lim_{n \to \infty}\left(1 + \frac{1}{n}\right)^n > \varepsilon$$

になるので，n が分数の場合でも

$$\lim_{n \to \infty}\left(1 + \frac{1}{n}\right)^n = \varepsilon$$

が成立する．

(3) n が負数の場合

m を正数とし，$n = -m$ とおくと

$$\left(1 + \frac{1}{n}\right)^n = \left(1 - \frac{1}{m}\right)^{-m} = \frac{1^m}{\left(1 - \frac{1}{m}\right)^m} = \left(\frac{1}{1 - \frac{1}{m}}\right)^m = \left(\frac{m}{m-1}\right)^m$$

$$= \left(\frac{m-1+1}{m-1}\right)^m = \left(1 + \frac{1}{m-1}\right)^m$$

$$\therefore \quad \lim_{n \to \infty}\left(1 + \frac{1}{n}\right)^n = \lim_{m \to \infty}\left(1 + \frac{1}{m-1}\right)^m = \lim_{m \to \infty}\left(1 + \frac{1}{m-1}\right)^{m-1}$$

$$\times \lim_{m \to \infty}\left(1 + \frac{1}{m-1}\right) = \varepsilon \times 1 = \varepsilon$$

したがって，n が負数の場合でも

$$\lim_{n \to \infty}\left(1 + \frac{1}{n}\right)^n = \varepsilon$$

が成立する．

[4] $\lim_{x \to 0} \dfrac{\sin(\theta + x) - \sin \theta}{x} = \cos \theta$ および $\lim_{x \to 0} \dfrac{\cos(\theta + x) - \cos \theta}{x} = -\sin \theta$ (3・8)

図3・3に示すように半径 $1(\overline{OA} = 1)$ の単位円を画き，角度を弧度法で示すと $\theta = \overparen{AP}/\overline{OA} = \overparen{AP}$ であり $x = \overparen{PQ}$ になり $\theta + x = \angle QOA$ となるので

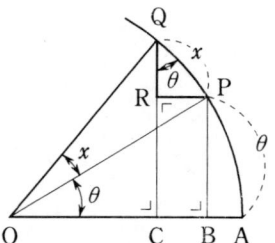

図3・3 三角関数増加率の極限値（微分）

$$\dfrac{\sin(\theta + x) - \sin \theta}{x} = \dfrac{\overline{QC} - \overline{PB}}{\overparen{QP}} = \dfrac{\overline{QR}}{\overparen{PQ}}$$

この x がきわめて小さくなると，弧 $\overparen{PQ}$ は弦 $\overline{PQ}$ に限りなく接近し，$x \to 0$ では $\overparen{PQ} \to \overline{PQ}$ になる．また，このとき QP⊥OP となり，QC⊥OA だから ∠PQR = ∠POA = θ であり，PR は P 点から QC に引かれた垂線で，ここに形成された直角三角形 QPR について考えると

$$\lim_{x \to 0} \dfrac{\sin(\theta + x) - \sin \theta}{x} = \dfrac{\overline{QR}}{\overline{PQ}} = \cos \theta$$

になる．同様に考えて

$$\lim_{x \to 0} \dfrac{\cos(\theta + x) - \cos \theta}{x} = \lim_{x \to 0} \dfrac{\overline{OC} - \overline{OB}}{\overparen{PQ}} = \dfrac{-\overline{PR}}{\overline{PQ}} = -\sin \theta$$

[5] $\lim_{x \to 0} \dfrac{\sin x}{x} = 1$ および $\lim_{x \to 0} \dfrac{\tan x}{x} = 1$ (3・9)

これは前項で $\theta = 0$ とおくと直ちに前者の結果がえられるが，図3・4のように考えることもできる．図は $\overline{OA} = 1$ の単位円で $\overparen{AP} = x$，∠OAC = LR とした場合で図から明らかなように，

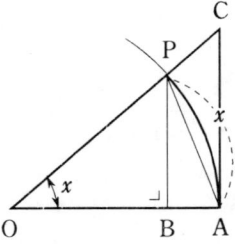

図3・4 $\lim_{x \to 0} (\sin x)/x = 1$

△OPA ＜ 扇形OPA ＜ △OCA

$$\frac{1}{2}\overline{OA}\times\overline{PB} < \pi\times\overline{OA}^2\times\frac{x}{2\pi\times\overline{OA}} < \frac{1}{2}\overline{OA}\times\overline{AC}$$

$$\frac{1}{2}\sin x < \frac{1}{2}x < \frac{1}{2}\tan x$$

この各辺を $\frac{1}{2}\sin x$ で除すると

$$1 < \frac{x}{\sin x} < \frac{1}{\cos x} \quad \therefore \quad 1 > \frac{\sin x}{x} > \cos x$$

$x \to 0$ となると上式の両端は1になり $\lim_{x \to 0}\frac{\sin x}{x} = 1$.

また,上の各項に $1/\cos x$ を乗ずると

$$\frac{1}{\cos x} > \frac{\tan x}{x} > 1$$

になり, $x \to 0$ では両端は1になり $\lim_{x \to 0}\frac{\tan x}{x} = 1$ となる.

3・5　関数の連続性と吟味

前に, x の関数 $f(x)$ が x のある区域内で連続であると, x がその区間内で無限小だけ変化したとき, これに対応する関数の値の変化も無限小であると述べたが, これはコーシーがその著書, 代数解析 (Analyse algébrique ; 1821年刊) の第2章に記したもので, これが関数の連続性を定義づけた最初の言葉であった. 現代の解析学では主旨は同じだが, 関数の連続性を次のように定義している.

関数の連続性

「変数 x がかぎりなく, x_0 なる値に接近したとき, 関数 $f(x)$ も限りなくある一定の値に近づきその収束値が $\lim_{x \to x_0} f(x) = f(x_0)$ になるとき, この関数は $x = x_0$ で連続である」

例えば $f(x) = x^2 + \frac{x^2}{x^2+1} + \frac{x^2}{(x^2+1)^2} + \frac{x^2}{(x^2+1)^3} + \cdots\cdots$

なる関数の $x = 0$ での連続性を吟味すると,

$$\lim_{x \to 0} f(x) = 0 \quad \text{また} \quad f(0) = 0$$

となって, この関数は $x=0$ で連続のように考えられるが, もともとこの $f(x)$ は無限等比級数で, 初項 $a = x^2$, 公比 $r = \frac{1}{1+x^2}$ で x の正負にかかわらず $x^2 > 0$ となるので $r < 1$ となり, 項数 n が無限大になったときの $r^n \to 0$ になるので

$$f(x) = \frac{a}{1-r} = \frac{x^2}{1-\frac{1}{1+x^2}} = 1+x^2$$

したがって $\lim_{x \to 0} f(x) = \lim_{x \to 0}(1+x^2) = 1$

となり, $x=0$ で $f(x)$ が0とも1ともなるので, この関数は $x=0$ で不連続である. しかし $x=0$ 以外では, x の増分 Δx に対する $y = f(x)$ の増分 Δy は

$$\Delta y = \{1+(x+\Delta x)^2\} - (1+x^2) = (2x+\Delta x)\Delta x$$

となって, $\Delta x \to 0$ とすると $\Delta y \to 0$ となり連続である.

3·6 連続関数に関する定理

次に連続関数の性質を明らかにする主なる定理について説明しよう．

定理1；有限個の連続関数の和，差，および積は連続関数であり，また，二つの連続関数の商もまた連続関数である．ただし，この場合の除数関数は零にならないものとする．

今，各関数を $f_1(x)$, $f_2(x)$, ……, $f_n(x)$ とし，その何れもが $x=x_0$ で連続であると，前項で述べた連続関数の性質から

$$\lim_{x \to x_0} f_1(x) = f_1(x_0),\quad \lim_{x \to x_0} f_2(x) = f_2(x_0), \ldots\ldots,\quad \lim_{x \to x_0} f_n(x) = f_n(x_0)$$

となるが，既述した極限値の定理の「加減乗除によって組合された関数の極限値は，それぞれの関数の極限値を求めてから，原式通りの加減乗除を行ってよい」によって，

(1) $$\lim_{x \to x_0} \varphi(x) = \lim_{x \to x_0} [f_1(x) \pm f_2(x) \pm \cdots\cdots \pm f_n(x)]$$
$$= \lim_{x \to x_0} f_1(x) \pm \lim_{x \to x_0} f_2(x) \pm \cdots\cdots \pm \lim_{x \to x_0} f_n(x)$$
$$= f_1(x_0) \pm f_2(x_0) \pm \cdots\cdots \pm f_n(x_0)$$

(2) $$\lim_{x \to x_0} \varphi(x) = \lim_{x \to x_0} [f_1(x) f_2(x) \cdots\cdots f_n(x)]$$
$$= \lim_{x \to x_0} f_1(x) \cdot \lim_{x \to x_0} f_2(x) \cdots\cdots \lim_{x \to x_0} f_n(x)$$
$$= f_1(x_0) f_2(x_0) \cdots\cdots f_n(x_0)$$

(3) $$\lim_{x \to x_0} \varphi(x) = \lim_{x \to x_0} \frac{f_1(x)}{f_2(x)} = \frac{\lim_{x \to x_0} f_1(x)}{\lim_{x \to x_0} f_2(x)} = \frac{f_1(x_0)}{f_2(x_0)}$$

となる．ということは連続関数の和，差，積，商をとって合成関数 $\varphi(x)$ を作り，$x \to x_0$ とすると上記のように $\varphi(x_0)$ となり，この合成関数も連続関数になる．

定理2；連続関数の連続関数はまた連続関数である．

$y=f(x)$, $z=\varphi(y)$ とすると z は x の関数の関数となり，今，仮に $y=f(t)=\omega t$ とすると

$$\lim_{t \to t_0} \omega t = \omega t_0 = f(t_0)$$

となって，$y=f(t)$ は連続関数である．また，$z=\varphi(y)=\sin \omega t$ とすると

$$\Delta z = \sin(\omega t + \Delta \omega t) - \sin \omega t = 2\cos\left(\omega t + \frac{\Delta \omega t}{2}\right) \sin \frac{\Delta \omega t}{2}$$

となり $\Delta \omega t \to 0$ で $\Delta z \to 0$ となるので $z=\varphi(y)$ も連続関数である．

一方，この $z=\varphi(y)$ を変数 t で表すと

$$z = \varphi(y) = \varphi\{f(t)\} = \sin \omega t$$

となり，tの任意の値t_0に対し

$$\lim_{t \to t_0} z = \sin \omega t_0 = \varphi\{f(t_0)\}$$

になるので，tの連続関数である$y=f(t)$のそのまた連続関数である$z=\varphi(y)$は，tに対する連続関数になる．

定理3；1価単調連続関数の逆関数もやはり1価単調連続関数である．

1価単調連続関数は増加関数や減少関数になり，その逆関数は$x=y$の直線に対し線対称になって，原関数の$\varDelta y/\varDelta x$に対し逆関数では$\varDelta x/\varDelta y$になるので，これが原関数で正なら逆関数でも正であって，連続増加関数の逆関数も連続増加関数になる．原関数が連続減少関数で$\varDelta y/\varDelta x$が負のときも同様に，その逆関数は連続減少関数になる．

定理4；$f(x)$がxのある変域内のx_0で連続で，しかも$f(x_0) \neq 0$であると，正数δを十分に小さくとると$f(x_0 \pm \delta)$は$f(x_0)$と同符号である．

δを十分に小さくとると，$f(x_0 \pm \delta)$は$f(x_0)$にきわめて接近する．一方，連続関数には急な変化がないので，$f(x_0)$と$f(x_0 \pm \delta)$は共にX軸の上側か下側にあって同符号になる．

定理5；$f(x)$がxのある変域内で連続であると，この変域内の2数a, bに対する$f(x)$の値$f(a)$と$f(b)$が異符号なら，aとbの間に$f(x)$を0とするxの値は少なくとも一つは存在する．

$f(a)$と$f(b)$が異符号というのだから，この両者はX軸の上側と下側か，下側と上側にある．しかも$f(x)$は連続関数であるから，上側から下側，下側から上側に行くには少なくとも1度はX軸と交わり$y=f(x)=0$とする値がある．もっとも$f(a)$から$f(b)$に行くのにX軸を中心にした幾つかの波があるとX軸と交わる点が増し$y=f(x)=0$とする点の数が多くなる．

定理6；$f(x)$がxのある変域内で連続であると，この変域内の2数をa, bとすると，$f(x)$は$a<x<b$で，$f(a)$と$f(b)$との間のあらゆる値をとる．

いま，$f(a) \neq f(b)$として，$y=f(x)$が$f(a)$と$f(b)$内の任意の値y_0がとれるかどうかを調べてみよう．ここで$f(a)<y_0<f(b)$とし$\varphi(x)=f(x)-y_0$とおくと，

$$\lim_{x \to c} \varphi(x) = \lim_{x \to c} f(x) - y_0 = f(c) - y_0 = \varphi(c)$$

で$\varphi(x)$は連続関数であって，$\varphi(a)=f(a)-y_0$（負数），$\varphi(b)=f(b)-y_0$（正数）となるので，前の定理から$a<x<b$において$\varphi(x)$を0とするxの値は少なくとも一つは存在する．これをx_0とすると

$$\varphi(x_0) = f(x_c) - y_0 = 0$$

したがって，$f(x_c)=y_0$となり，$f(a)$, $f(b)$間の任意の値y_0をとるx_cが$a<x_c<b$に存在する．ということは$y=f(x)$は$a<x<b$で，$f(a)$と$f(b)$間のあらゆる値がとれるということになる．

4 微係数・微分の応用

4・1 微係数の物理的意義

ニュートンの微積分学は

(1) 運動の画く曲線が与えられたとき,任意の時間における速度はどうしたら求められるか?

(2) 各時間における速度が与えられたとき,定められた時間内での運動の曲線はどうしたら求められるか?

ということの考察から生まれてきたものと考えられる.(1)は微分の問題であり(2)は積分の問題である.その結果をまとめて「流率および無限級数の方法」と題し,ニュートンの没後10年の1737年に公表された.ここで彼は今日でいう微係数を**流率**と称している.

今,図4・1でX軸上に時間xをとり,Y軸上に運動距離yをとって,xに対応するyの値,すなわち運動の画く曲線が図のように与えられたとする.これは明らかにxのある変域内でxのある値に対するyの値が一つで,かつ連続している1価連続関数である.ここで曲線上のP点(x_1, y_1)における速度を求めるために,x_1の値をΔxだけ増したとき,yの値が$y_1=f(x_1)$からΔyだけ増したとすると$y_1+\Delta y=f(x_1+\Delta x)$になるので

$$\Delta y = f(x_1+\Delta x) - y_1 = f(x_1+\Delta x) - f(x_1)$$

となる.このx_1の変分Δxとy_1の変分Δyの比,

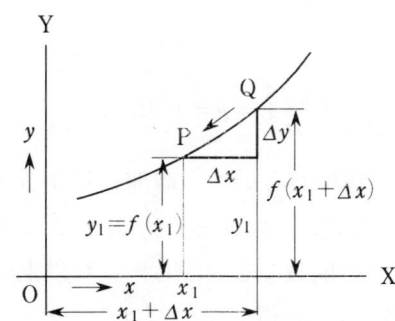

図4・1　$x=x_1$での微係数

すなわち

$$\frac{\Delta y}{\Delta x} = \frac{f(x_1+\Delta x) - f_1(x)}{\Delta x}$$

は(距離/時間)で**速度**を表し,$\Delta x \to 0$で$\Delta y \to 0$となるなら$\Delta y/\Delta x$は極限値を有することになり,その極限値は明らかにP点における速度になる.

4 微係数・微分の応用

このような場合を一般に

$$\lim_{\Delta x \to 0} \frac{\Delta y}{\Delta x} = \lim_{\Delta x \to 0} \frac{f(x_1 + \Delta x) - f(x_1)}{\Delta x} = \frac{dy}{dx} = f'(x_1) \tag{3·10}$$

微分係数 と記し，この$f'(x_1)$を$f(x)$の$x=x_1$における**微分係数**(Differential coefficient)または略して微係数とも微分商ともいう．ここで3·1をもう一度，読み返して頂きたい．このdy/dx をディワイ・バイ・ディエックスと読み，dxやdyは$d \times x$, $d \times y$でなく，2字が一つになって，何れも限りなく0に接近していく変量を表している．

また，$\Delta y/\Delta x$の極限値は常に有限で確定するとはいえない，不定になったり無限大になったりするが，われわれがここで取扱う初等関数では，ほとんどの場合，その極限値は有限確定する．

落体の落下距離 さて，上記では$x=x_1$での微係数を求めたが，例えば，落体の落下距離Sは時間tの2乗に比例し，重力加速度をgとすると$S=(1/2)gt^2$で与えられるが，その速度vの式は時間に対する距離の変化率だから

$$v = \lim_{\Delta t \to 0} \frac{\Delta S}{\Delta t} = \lim_{\Delta t \to 0} \frac{\frac{1}{2}g(t+\Delta t)^2 - \frac{1}{2}gt^2}{\Delta t} = \lim_{\Delta t \to 0} \frac{1}{2}g(2t+\Delta t) = gt$$

となるが，これを

$$v = \frac{dS}{dt} = \frac{d}{dt} \cdot \frac{1}{2}gt^2 = gt = f'(t)$$

導関数 と書き，原関数$S=f(t)$に対する$v=f'(t)$を**導関数**(Derived function)という．── この式で$t=t_1$での$v=gt_1$になる ──．故に，導関数はある変域内の変数のすべての値における微係数を表す点の集合からなる曲線を表している．── この導関数を与えて原関数を求めるのが積分法である ──．このように，ある関数の微係数を求めることを微分(To differentiate)するといい，その方法を微分法(Differentiate)と称する．

さて，上記のvをtについて，もう一度，微分してみよう．

$$\alpha = \lim_{\Delta t \to 0} \frac{\Delta v}{\Delta t} = \lim_{\Delta t \to 0} \frac{g(t+\Delta t) - gt}{\Delta t} = g$$

となるが，これを

$$\alpha = \frac{dv}{dt} = \frac{d}{dt}\left(\frac{dS}{dt}\right) = \frac{d^2S}{dt^2} = g = f''(t)$$

2次導関数
加速度 と書き，この$f''(t)$を2次導関数といい，時間に対する速度の変化率だからαは加速度をあらわす．図4·2では$f(t)$に対する$f'(t)$および$f''(t)$を示した．この場合はgは重力加速度で一定値で，tの関数でないから，これ以上は微分できないが，関数が高次になると，さらに3度，4度と微分をつづけることができる場合もある．一般に2
高次導関数 次以上の導関数を**高次導関数**といい，n次導関数を$f^{(n)}(t)$というように表す．

注：$\dfrac{d}{dt}v$のように表したときの$\dfrac{d}{dt}$は，tを変数としてvを微分するという意味に用いられている．

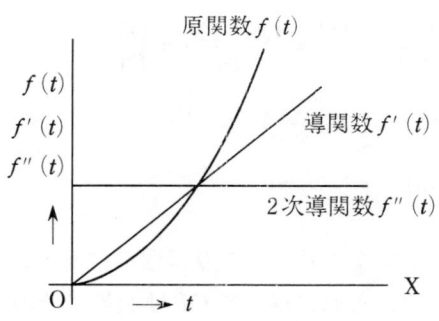

図4・2 落体の速度と加速度

なお，$y=f(x)$ において，$\Delta y/\Delta x$ がその極限に達しない前の状態を

$$\frac{\Delta y}{\Delta x}=f'(x)+\varepsilon$$

で表すと，Δx のきわめて小さい値に対しては $|\varepsilon|$ もまたきわめて小さい値をとる．

したがって $f'(x)$ が x のある値に対して正または負の値になるとき，$|\Delta x|$ を適当に小さくとることによって $\Delta y/\Delta x=f'(x)+\varepsilon$ と $f'(x)$ は，3・6の**定理4**によって，同符号になる．そこで，$f'(x)>0$ なる x に対しては $|\Delta x|$ を適当に小さくとると $\Delta y/\Delta x>0$ となり，$f'(x)<0$ なる x に対しては $\Delta y/\Delta x<0$ になる．さて，$\Delta y/\Delta x>0$ は Δx と Δy が同符号であることを意味し，x が増すと y も増し，x が減ずると y も減ずる．これに対し，$\Delta y/\Delta x<0$ であると，x が増すと y が減じ，x が減ずると y が増す．ゆえに

「$f'(x)>0$ だと変数 x の増減と関数 $y=f(x)$ の増減が一致し，$f'(x)<0$ であると，x の増減と y の増減とは相反する」

このことからも微係数（導関数）は，変数 x の変化に対する関数 y の変化の割合，すなわち，関数の変化率をあらわすものだという認識が深められる．

4・2　微係数の幾何学的意義

いま，X軸上に変数 x の値をとり，Y軸上にこれに対応する関数 $y=f(x)$ の値をとって画いた曲線が，図4・3で表されたとき，X軸上に $OR=x_1$, $OS=x_1+\Delta x$ となる2点をとり，これに対応する曲線上の点をPおよびQとすると，Y軸上の y の値は $PR=y_1=f(x_1)$, $QS=y_1+\Delta y=f(x_1+\Delta x)$ になる．P点からX軸に平行線を引きQSとの交点をTとすると

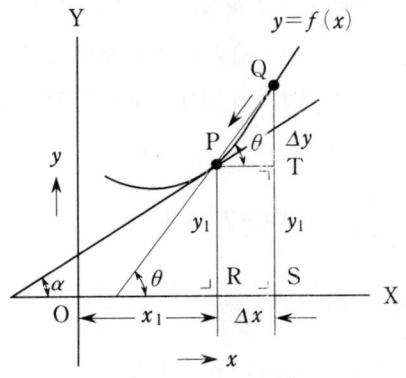

図4・3 接線の方向係数としての微係数

$$\frac{\Delta y}{\Delta x} = \frac{f(x_1 + \Delta x) - f(x_1)}{\Delta x} = \frac{QS - PR}{RS} = \frac{QT}{PT}$$

また，QP線の延長がX軸となす角をθとすると

$$\frac{\Delta y}{\Delta x} = \frac{QT}{PT} = \tan\theta$$

曲線の接線

となり，このΔxをかぎりなく小さくして0に近づけると，Q点は曲線に沿ってかぎりなくP点に接近してくる．それに従ってQPは次第にその方向を変え，$\Delta x \to 0$の極限ではQPはP点でのこの曲線の接線になる．したがってP点での接線がX軸となす角をαとすると，

$$\lim_{\Delta x \to 0} \frac{\Delta y}{\Delta x} = \frac{dy}{dx} = f'(x_1) = \tan\alpha \tag{3·11}$$

方向係数

になる．そこで$f'(x_1)$は$x = x_1$に対応する曲線上の点Pにおける接線の方向係数($\tan\alpha$)を表すことがわかる．なお，この$P(x_1, y_1)$点における接線を表す式は**図4·4**のように接線TT'上に他の1点$G(x, y)$をとり，P, GよりX軸に垂線を下してその足をR, Hとし，PよりX軸への平行線を引いてGHとの交点をMとすると，図上から明らかなように

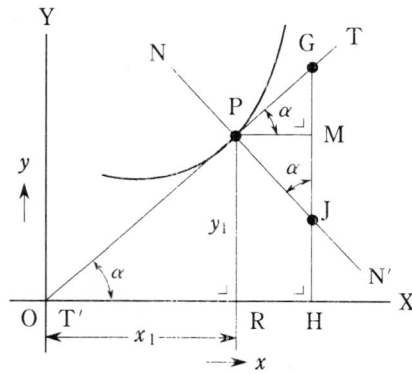

図4·4　接線と法線

$$\frac{GM}{PM} = \frac{GH - MH}{OH - OR} = \frac{y - y_1}{x - x_1} = \tan\alpha = f'(x_1)$$

接線の式

の関係が成り立つので接線の式は

$$y - y_1 = f'(x)(x - x_1) \tag{3·12}$$

となる．

次に，曲線上のP点における曲線への法線NN'（NN'はTT'に直角）を表す式は，この法線上に他の1点$J(x, y)$をとると —— 前のG点の座標(x, y)と関係なく，いずれもxおよびyの任意の値を表す ——，図で$\angle MJP = \alpha$ ($\because$ JM⊥PM, JP⊥PG)となるので，

$$\frac{MP}{JM} = \frac{OH - OR}{MH - JH} = \frac{x - x_1}{y_1 - y} = \tan\alpha = f'(x_1)$$

したがって，$$y - y_1 = -\frac{1}{f'(x)}(x - x_1) \tag{3·13}$$

法線の式

となる．これが曲線上のP点における法線の式である．

次に関数値の変化と微係数の関係を調べてみよう．図4・5から明らかなように

$$\lim_{\Delta x \to 0} \frac{\Delta y(正)(負)}{\Delta x(正)(負)} = \frac{dy}{dx} = \tan \alpha$$

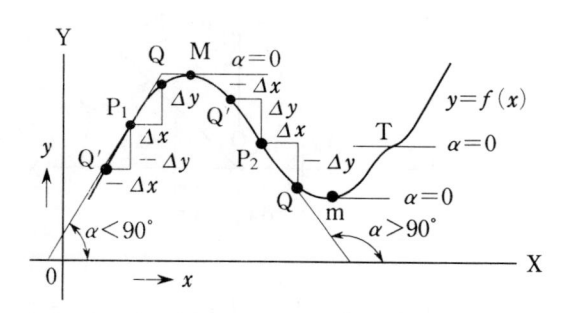

図4・5　関数値の変化と微係数

となる．すなわち微係数が正で$\alpha < 90°$であるP_1点のようなところでは関数値$y = f(x)$は増加している．これに反して

$$\lim_{\Delta x \to 0} \frac{\Delta y(負)(正)}{\Delta x(正)(負)} = \frac{dy}{dx} = \tan \alpha$$

となる．すなわち微係数が負で$\alpha > 90°$であるP_2点のようなところでは，関数値$y = f(x)$は減少している．なお，極大点Mや極小点mおよび変曲点Tでは$\alpha = 0$になる．したがって，微係数の正負およびその値より関数値の変化（曲線の変化状況）がわかる．$\Delta y / \Delta x$において同じΔxに対しΔyが大きいということは，それだけ曲線の変化の大きいことを意味している．また，微係数が無限大になったり不定になることがある．例えば$y = f(x) = \sqrt{x}$において，xのすべての正の値に対しては

$$f'(x) = \lim_{\Delta x \to 0} \frac{\sqrt{x + \Delta x} - \sqrt{x}}{\Delta x} = \lim_{\Delta x \to 0} \frac{(\sqrt{x + \Delta x})^2 - (\sqrt{x})^2}{\Delta x (\sqrt{x + \Delta x} + \sqrt{x})}$$

$$= \lim_{\Delta x \to 0} \frac{1}{\sqrt{x + \Delta x} + \sqrt{x}} = \frac{1}{2\sqrt{x}}$$

であって，図4・6に示すように

$$f'(x) = \tan \alpha = \frac{1}{2\sqrt{x}}$$

となって，微係数が有限確定しているが，$x = 0$の原点では$f'(0) = \infty$となり，$\alpha = 90°$で原点Oでのこの曲線の接線はY軸と重なりX軸と垂直である．

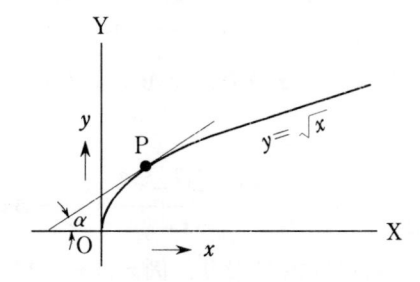

図4・6　微係数が無限大

また，図4・7のような$y = f(x) = |x|$　――　xの正負にかかわらずxの絶対値がyに等しい　――　のような関数の原点Oでの微係数は，変数xが正の値をとりながら原点に

右微係数 接近（右から原点に接近）するときの原点での微係数$f'(0)$を**右微係数**といい，$f'_+(0)$で表す．すなわち

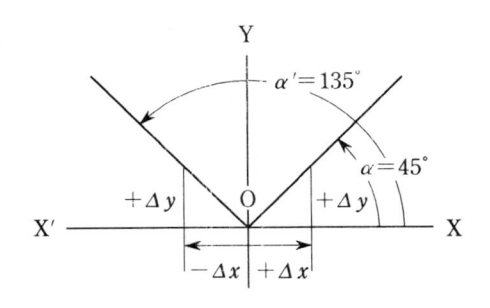

図4・7　微係数が不定

$$f'_+(0) = \lim_{\substack{\Delta x \to 0 \\ \Delta x > 0}} \frac{\Delta y (\text{正})}{\Delta x (\text{正})} = \tan \alpha = \tan 45° = +1$$

これと反対に，xが負の値をとりつつ原点に接近（左から0に接近）するときの原点
左微係数 における微係数$f'(0)$を**左微係数**といい$f'_-(0)$であらわす．ここでは

$$f'_-(0) = \lim_{\substack{\Delta x \to 0 \\ \Delta x < 0}} \frac{\Delta y (\text{正})}{\Delta x (\text{負})} = \tan \alpha = \tan 135° = -1$$

となるので，この関数は原点Oでの微係数$f'(0)$が$f'_+(0) = +1$とも$f'_-(0) = -1$ともなって，$f'(0)$が確定しないことになり，原点での微分は不能になる．

このことからも明らかなように，$y = f(x)$が$x = x_1$で有限確定な微係数をもち，微分が可能なために必要にして十分な条件は，$f'(x_1)$の右微係数$f'_+(x_1)$と左微係数$f'_-(x_1)$が両方とも存在し，しかもその値が相等しいことである．

4・3　微係数の数学思想的意義

既述したように，微積分法を発明したのは英国のニュートンとフランスのライプニッツであり，その数学的意義を確立したのはコーシーである．ここで再びその思想の変遷のあとを回顧してみよう．まずニュートンの考え方を簡単な例について説明する．彼は古今を通じてもっとも偉大な科学者であった．ポープの詩にあるように，自然と自然の法則とが，暗夜の中にかくされていた，神がいった「ニュートンいでよ」と，かくてすべてが明るくなった，万有引力の法則一つだけとっても正にその通りであり，同時に深い宗教心をもっていた．

例えば$y = f(x) = x^2$において，xの変化をΔxとしたときのyの変化をΔyとし，その比を求めると，

$$\frac{\Delta y}{\Delta x} = \frac{f(x + \Delta x) - f(x)}{\Delta x} = \frac{(x + \Delta x)^2 - x^2}{\Delta x} = 2x + \Delta x$$

となり，$\Delta x = 0$とおくと右辺は$2x$になり，例えば$x = 2$での値は4になる．ところが左辺で$\Delta x = 0$とおくと$\Delta y = 0$となり不定形0/0になって意義がない．この疑問に対しニュートンは満足に答ええなかった．この正しい概念は19世紀に入ってから

コーシーによって与えられた．彼は

$$\lim_{\Delta x \to 0} \frac{\Delta y}{\Delta x} = \frac{dy}{dx} = f'(x)$$

の Δx や Δy は無限に小さいある固定的な数でも 0 でもなく，休みなく無限に小さくなりつつある変数であるとした．上例の $y = x^2$ で $x = 2$ の微係数を考えると，

$$\frac{\Delta y}{\Delta x} = \frac{(2+0.1)^2 - 2^2}{0.1} = \frac{0.41}{0.1} = 4.1$$

$$\frac{\Delta y}{\Delta x} = \frac{(2+0.01)^2 - 2^2}{0.01} = \frac{0.0401}{0.01} = 4.01$$

$$\frac{\Delta y}{\Delta x} = \frac{(2+0.001)^2 - 2^2}{0.001} = \frac{0.004001}{0.001} = 4.001$$

というように Δx は 0.1, 0.01, 0.001, 0.0001……とどまるところなく無限に小さく変化していくのに対応して，Δy も 0.41, 0.0401, 0.004001, 0.00040001 と無限に小さく変化してとどまるときがない．このように Δx や Δy はかぎりなく 0 に接近していて，これに応じて $f'(2)$ もかぎりなく 4 に接近するものとした．

一方，ライプニッツはニュートンが無限小 Δx, Δy を $\dot{x}0$, $\dot{y}0$ と書いたのに対し，これを dx, dy で表し ―― 彼は古今を通じての記号の神様で，この微分記号 dy/dx や積分記号なども彼の定めたもので，すべての学問に記号法を用いようとし，世界語を作って，これを記号であらわし，その文法も代数のように計算できるようにして，思想を記号化し正誤を判別しやすくし，その調和を計り，世界の学術，文化の交流を容易とし，戦争のない調和の世界を作ろうという遠大かつ宏遠な夢をもっていた ――，例えば前の例では

$$dy = (x+dx)^2 - x^2 = 2xdx + dx^2$$

とし，右辺の第 2 項は dx に対しさらに高い無限小 ―― $dx = 0.01$ に対し，$dx^2 = 0.0001$ ―― だから，これを省略してよいとし，

$$dy = 2xdx \qquad \therefore \frac{dy}{dx} = 2x$$

微分商　というように微分，dy, dx の商 dy/dx を求めた．このことから**微分商**という言葉が生まれた．

彼が考えた微分 dy と dx は無限に小さい固定的な量としてであって，ニュートンと同様に，その概念はあいまいさの域を脱しえなかった．上述したようにコーシーはこの dy や dx は無限に小さくなっていく変量であるとして，その正しい数学的意義づけをした．しかしながら，ライプニッツの固定的な微分という概念も実際問題，例えば近似値の計算などに有用である．そこで彼の微分の概念を近代的に改めて用いることにしよう．

図 4・8 で $y = f(x)$ なる曲線上に任意の 1 点 P をとり，この点で引いた曲線の接線を TT' とし，これが X 軸となす角を α とすると $f'(x) = \tan\alpha$ になる．ということは既述したように

$$\lim_{\Delta x \to 0} \frac{\Delta y}{\Delta x} = f'(x) = \tan\alpha$$

4 微係数・微分の意義と応用

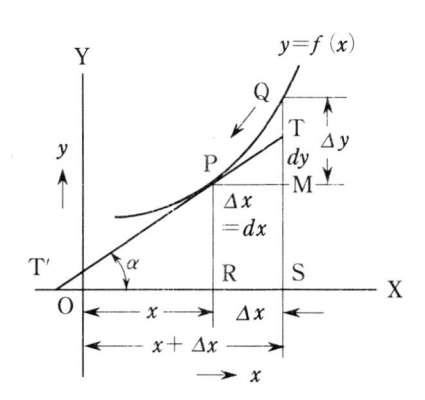

図4・8 微分の意義

ということであるが，このP点にごく接近したQ点をとると，$\Delta y/\Delta x$は$f'(x)$にならない．これを

$$\frac{\Delta y}{\Delta x} = f'(x) + \varepsilon$$

とおくと $\Delta y = \mathrm{QS} - \mathrm{PR} = \mathrm{QS} - \mathrm{MS} = \mathrm{QM}$ は

$$\Delta y = f(x+\Delta x) - f(x) = \{f'(x) + \varepsilon\}\Delta x = f'(x)\Delta x + \varepsilon \Delta x$$

になり，Q点を次第にP点に近づけ，Δxを小さくしてゆくと，右辺の2項はともども小さくなるが，第1項はΔxだけが小さくなるのに対し，第2項は$\Delta y/\Delta x$が$f'(x)$に近づくのでεも小さくなり，十分にΔxを小さく，したがってεを小さくすると，第2項は第1項に対して無視され

$$dy = f'(x)\Delta x = \Delta x \times \tan\alpha = \mathrm{TM}$$

微分 となる．この$dy = f'(x)\Delta x$を$y = f(x)$の**微分**という．次に$y = x$の場合では

$$f'(x) = \lim_{\Delta x \to 0} \frac{(x+\Delta x) - x}{\Delta x} = \frac{\Delta x}{\Delta x} = 1$$

になるので，上記の$dy = f'(x)\Delta x$で$y = x$だからyの代わりにxとおくと

$$dx = f'(x) \times \Delta x = 1 \times \Delta x = \Delta x$$

となって，Δxはxの微分dxに等しくなる．そこで

$$dy = f'(x)\Delta x = f'(x)\,dx \tag{3.14}$$

となる．結局，xの微分をdx，$y = f(x)$の微分をdyとおくと

「微分dy，dxはその比dy/dxが一定な$f'(x)$に等しいという制限の下にある変数である」

ということになる．いいかえるとdy/dxを微係数をあらわす符号と見ず，（yの微分$dy \div x$の微分dx）と考え，このdy, dxは無限に小さくなる変数で，その比の値がかぎりなく$f'(x)$に接近するものとした．こういう見方をするとdy/dxを普通の分数のように考えて，

$$dy/dx\text{の分母子を}dy\text{で除し}\quad \frac{dy}{dx} = \frac{1}{\dfrac{dx}{dy}} \tag{3.15}$$

ということも成立つ．また，この関係は次のようにも証明できる．

$$\frac{dx}{dy} = \lim_{\Delta x \to 0} \frac{\Delta x}{\Delta y} = \lim_{\Delta x \to 0} \frac{1}{\frac{\Delta y}{\Delta x}} = \frac{1}{\lim_{\Delta x \to 0} \frac{\Delta y}{\Delta x}} = \frac{1}{\frac{dy}{dx}}$$

このことから，ある関数の微係数がわかると直ちに，その逆関数の微係数もわかる．例えば後述するように

$$y = \log x \; \text{の} \; \frac{dy}{dx} = \frac{d}{dx} \log x = \frac{1}{x}$$

とわかっていると，$y = \log x$ だから $x = \varepsilon^y$ となり，$y = \log x$ の逆関数は既述したように，この式で x と y をとりかえた $y = \varepsilon^x$ になるが，この微係数は $x = \varepsilon^y$ の形での dx/dy に相当し，上記から

$$\frac{dx}{dy} = \frac{1}{\frac{dy}{dx}} = \frac{1}{\frac{1}{x}} = x = \varepsilon^y$$

つまり，$x = \varepsilon^y$ での dx/dy が ε^y になるのだから，x と y の文字をとりかえると

$$\frac{d}{dx} \varepsilon^x = \varepsilon^x$$

が成立する．したがって原関数の微係数がわかると，この方法でその逆関数の微係数が求められる．また，この微分という概念は積分を理解する上にも有用になる．

4·4　微係数を応用する近似値の計算

ある関数 $y = f(x)$ において y の微分を dy，x の微分を dx としたとき，(3·14)式のように

$$dy = f'(x) \, dx$$

が成立した．この dy, dx は既述したように無限に小さくなりつつある変量であるが，これをある程度小さな値にとどめても，近似的にこの関係が成立する．例えば $y = f(x) = x^2$ での $f'(x)$ は前に求めたように $f'(x) = 2x$ になるので，$x = 3$ で $dx = 0.001$ とすると，これに対応する y の微分 dy は

$$dy = f'(x) \, dx = f'(3) \times 0.001 = 2 \times 3 \times 0.001 = 0.006$$

になるが，これを実際に計算してみると

$$dy = (3 + 0.001)^2 - 3^2 = 0.006001$$

で $dy = f'(x) \, dx$ を用いて計算すると十分な近似度のえられることがわかる．このことは後でもう一度とりあげるので，ここではごく初歩的な実例の二三をあげるにとどめる．ただし，その計算の手順は

(1) $y = f(x)$ の関係式を求め

(2) y の x についての微係数 $f'(x)$ を求めて

(3) $dy = f'(x) \, dx$ の式で算定する．

【実例1】 電線の直径を測るのに $\pm\varepsilon$〔%〕の誤差があったとすると，断面積の計算に何%の誤差を生ずるか.

電線の直径を R とすると，断面積 S は

$$S = \pi\left(\frac{R}{2}\right)^2 = \frac{\pi}{4}R^2 \tag{1}$$

となり，直径 R について $S=f(R)$ の微係数を求めると

$$f'(R) = \frac{\pi}{4}\lim_{\Delta R\to 0}\frac{(R+\Delta R)^2 - R^2}{\Delta R} = \frac{\pi}{4}\times 2R = \frac{\pi}{2}R$$

したがって，直径の微分 dR に対応する断面積 S の微分 dS は

$$dS = f'(R)dR = \frac{\pi}{2}RdR \tag{2}$$

(2)式の両辺を(1)式の両辺で除すると

$$\frac{dS}{S} = \frac{(\pi/2)RdR}{(\pi/4)R^2} = 2\frac{dR}{R}$$

断面積の変化率 この dR/R は電線直径の変化であり，dS/S はこれに対応する断面積の変化率で，この場合の電線直径の変化率（誤差）は $\pm\varepsilon$ だから

$$\frac{dS}{S} = 2\frac{dR}{R} = 2\times(\pm\varepsilon) = \pm 2\varepsilon\ \text{〔%〕}$$

したがって，電線直径の測定に $\pm 3\%$ の誤差があると，これをもととした断面積の計算には $\pm 6\%$ の誤差を生ずる.

また，この関係を利用して電線の断面積を求める略算式を作ることができる．例えば直径 3.2 mm の電線の断面積は，直径を $(3+0.2)$ mm と考えて，0.2 mm に対する増分を上記の(2)式で算定し，

$$S = S' + dS = \frac{\pi}{4}\times 3^2 + \frac{\pi}{2}\times 3\times 0.2 = \frac{\pi}{4}(9+1.2) = 0.785\times 10.2 = 8\ \text{mm}^2$$

と計算する．これに対し真値は 8.042 mm² で誤差は 0.5% に過ぎない．この方法は直径が 3.218 mm というように，端数の多いほど便利である．

【実例2】 空気中で二つの帯電球が相対しておかれたとき，その間の距離に $\pm 3\%$ の変化があったとき，両電荷間に働く力の変化は何%になるか.

二つの帯電球の電荷をそれぞれ Q_1, Q_2〔C〕，両者間の距離を r〔m〕，真空の誘電率を ε_0，空気の比誘電率を ε_s ($\varepsilon_s \cong 1$)，とすると，両電荷間に働く力 F は

$$F = \frac{Q_1 Q_2}{4\pi\varepsilon_0\varepsilon_s r^2} = k\frac{1}{r^2} \quad k:\text{定数} \tag{1}$$

となる．この $F=f(r)$ の r についての微係数を求めると

4·4 微係数を応用する近似値の計算

$$f'(r) = k \lim_{\Delta r \to 0} \left\{ \frac{1}{(r+\Delta r)^2} - \frac{1}{r^2} \right\} \bigg/ \Delta r = k \lim_{\Delta r \to 0} \frac{-(2r+\Delta r)}{(r+\Delta r)^2 r^2} = -2k \frac{1}{r^3}$$

したがって，rの変化drに対するFの変化dFは

$$dF = f'(r)dr = -2k\frac{1}{r^3}dr \tag{2}$$

(2)式の両辺を(1)式の両辺で除すると，

$$\frac{dF}{F} = -2\frac{dr}{r} \tag{3}$$

となるのでdr/rが± 3%であると

$$\frac{dF}{F} = -2 \times (\pm 3) = \mp 6 \ \%$$

すなわち，両電荷間に働く力の変化は∓ 6%になる．

【実例3】平行板コンデンサにおいて板間距離をp〔%〕増したとき，コンデンサに蓄えられる静電エネルギーは何%減少するか．また，供給電圧をq〔%〕増すと静電エネルギーは何%増すか．

ε_0を真空の誘電率，ε_sを板間絶縁体の比誘電率，板面積をS〔m^2〕，板間距離をt〔m〕，供給電圧をV〔V〕としたとき，この平行板コンデンサに貯えられるエネルギーW〔J〕は

$$W = \frac{1}{2}CV^2 = \frac{1}{2}\frac{\varepsilon_0 \varepsilon_s SV^2}{t}$$

この式でS, Vを一定とすると

$$W = k_1 \frac{1}{t} \quad k_1 : \text{定数} \tag{1}$$

となり，板間距離tについて，この$W=f(t)$の微係数を求めると

$$f'(t) = k_1 \lim_{\Delta t \to 0} \left(\frac{1}{t+\Delta t} - \frac{1}{t} \right) \bigg/ \Delta t = -k_1 \frac{1}{t^2}$$

したがって，板間距離の微分dtに対応する静電エネルギーWの微分dWは

$$dW = f'(t)dt = -k_1 \frac{1}{t^2}dt \tag{2}$$

この(2)式の両辺を(1)式の両辺で除すると

$$\frac{dW}{W} = -\frac{dt}{t} \tag{3}$$

となるので，dt/tの$+p$〔%〕の変化に対する静電エネルギーの変化dW/Wは

$$\frac{dW}{W} = -\frac{dt}{t} = -p \ \text{〔%〕}$$

になる．すなわち，静電エネルギーは，この場合，p〔%〕減少する．

次に供給電圧V以外を一定とすると

-39-

$$W = k_2 V^2 \qquad k_2：定数 \tag{4}$$

となり，この $W = f(V)$ において，V についての微係数を求めると，

$$f'(V) = k_2 \lim_{\Delta V \to 0} \frac{1}{\Delta V} \{(V + \Delta V)^2 - V^2\} = 2k_2 V$$

したがって，V の変化 ΔV に対する W の変化は，前と同様に

$$dW = f'(V)\, dV = 2k_2 V dV \tag{5}$$

(5)式の両辺を(4)式で除すると

$$\frac{dW}{W} = 2\frac{dV}{V} \tag{6}$$

となるから dV/V が $+q$〔%〕であるとき

$$\frac{dW}{W} = 2\frac{dV}{V} = 2q \quad 〔\%〕$$

すなわち，静電エネルギーは $2q$〔%〕増加する．

【実例4】落差に±5%の変化があるとき，水車の周辺速度には何%の変化があるか．

落差 H〔m〕，g を重力加速度(9.8 m/s^2)とすると，水車の周辺速度 v〔m/s〕は k，k_0 を定数として

$$v = k\sqrt{2gH} = k_0 H^{\frac{1}{2}} = k_0 \sqrt{H} \tag{1}$$

この $v = f(H)$ の H に対する微係数を求めると，

$$f'(H) = k_0 \lim_{\Delta H \to 0} \frac{\sqrt{H + \Delta H} - \sqrt{H}}{\Delta H} = k_0 \lim_{\Delta H \to 0} \frac{(\sqrt{H + \Delta H})^2 - (\sqrt{H})^2}{\Delta H (\sqrt{H + \Delta H} + \sqrt{H})}$$

$$= k_0 \lim_{\Delta H \to 0} \frac{1}{\sqrt{H + \Delta H} + \sqrt{H}} = k_0 \frac{1}{2\sqrt{H}}$$

したがって，H の変化 dH に対する周辺速度 v の変化 dv は

$$dv = f'(H)dH = k_0 \frac{1}{2\sqrt{H}} dH \tag{2}$$

(2)式の両辺を(1)式の両辺で除すると

$$\frac{dv}{v} = \frac{1}{2}\frac{dH}{H}$$

の関係がえられるので，dH/H が±5%変化したとき

$$\frac{dv}{v} = \frac{1}{2} \times (\pm 5) = \pm 2.5\%$$

すなわち周辺速度の変化は±2.5%になる．

【実例5】ヒステリシス損 P_h は最大磁束密度 B_m の1.6乗に比例するが，B_m が5%変化すると，ヒステリシス損は何%変化するか．

4·4 微係数を応用する近似値の計算

k を定数とすると,ヒステリシス損は $P_h = kB_m^{1.6}$ となるが,この $P_h = f(B_m)$ において,B_m に関する微係数は 3·4 の [2] の

$$\lim_{h \to 0} \frac{(x+h)^n - x^n}{h} = nx^{n-1}$$

を用いると

$$f'(B_m) = k \lim_{\Delta B_m \to 0} \frac{(B_m + \Delta B_m)^{1.6} - B_m^{1.6}}{\Delta B_m} = 1.6kB_m^{0.6}$$

となり,B_m の微分 dB_m に対応する P_h の微分 dP_h は

$$dP_h = f'(B_m) dB_m = 1.6kB_m^{0.6} dB_m$$

この両辺を $P_h = kB_m^{1.6}$ の両辺で除すると

$$\frac{dP_h}{P_h} = \frac{1.6kB_m^{0.6} dB_m}{kB_m^{1.6}} = 1.6 \frac{dB_m}{B_m}$$

この dB_m/B_m が 5% であると

$$\frac{dP_h}{P_h} = 1.6 \frac{dB_m}{B_m} = 1.6 \times 5 = 8\%$$

すなわち,ヒステリシス損の変化は 8% になる.

5 微分法の要点

5・1 関数関係の表現と関数の種類

(1) 関数とその表現

関数 | 実数からなる一つの集合 M において，M に属する各実数 x の値に対し，一つあるいは一つ以上の y の値が対応するとき，y は M で定義された x の関数であるという．この場合，x の値の変化に応じて y の値が変化するのだから，x を自変数，y を従変数と称する．

また，自変数 x のとりうる値の範囲を変域とも関数 y の定義域ともいう．この y が x の関数であることを表すのに，たとえば $y=f(x)$，$y=F(x)$ などを用い，$x=a$ であるときの $y=f(x)$ の値を $f(a)$ または $(y)_{x=a}$ で表す．なお，変数 x と関数 y の形が $f(x, y)=0$ の形で示されることもある．

また y が x の関数であることを示すのに座標軸を定めてグラフで示したり，関数表で表すこともできる．

(2) 関数の分類

数式の本質について分類すると次表のようになる．

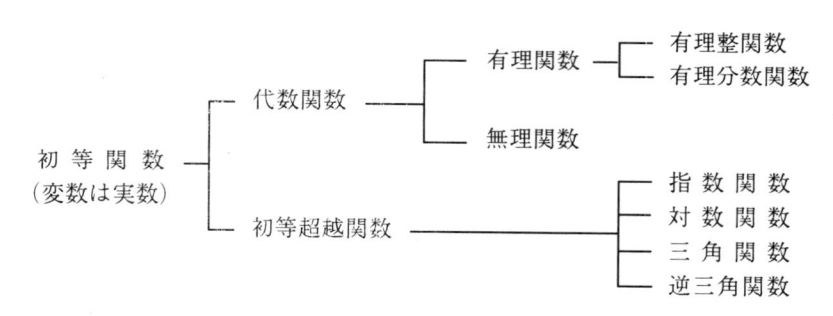

```
                        ┌── 有理関数 ──┬── 有理整関数
          ┌── 代数関数 ──┤              └── 有理分数関数
初等関数 ──┤              └── 無理関数
(変数は実数)│
          │                          ┌── 指 数 関 数
          └── 初等超越関数 ──────────┤── 対 数 関 数
                                      ├── 三 角 関 数
                                      └── 逆三角関数
```

注：双曲線関数，逆双曲線関数を初等超越関数に入れることもある．

有理整関数 | **【有理整関数】** 変数 x と定数との間に加減乗の演算を有限回ほどこしてえられる関数をいい，その代表的な形は，$a_0, a_1, a_2, \cdots\cdots, a_n$ を定数，n を正の整数とし，$a_0 \neq 0$ としたとき，次式のようになる．

$$y=f(x)=a_0 x^n + a_1 x^{n-1} + a_2 x^{n-2} + \cdots\cdots + a_{n-1} x + a_n$$

特に $n=1$ のときを線形関数，$n=2$ 以上をたとえば 2 次整関数などともいう．

有理分数関数 | **【有理分数関数】** 変数 x と定数との間に加減乗除の演算を有限回ほどこしてえられる関数をいい，その代表的な形は，$a_0, a_1, \cdots\cdots, a_n, b_0, b_1, \cdots\cdots, b_n$ を定数，n, m を正の整数とすると次式のようになる．

5・1 関数関係の表現と関数の種類

$$y = f(x) = \frac{P(x)}{Q(x)} = \frac{a_0 x^n + a_1 x^{n-1} + \cdots\cdots + a_{n-1} x + a_n}{b_0 x^m + b_1^{m-1} + \cdots\cdots + b_{m-1} x + b_m}$$

無理関数 　【無理関数】変数xと定数の間に加減乗除と累乗根の演算を有限回ほどこしてえられる関数で，要するにyがxの無理式で与えられる関数である．
　　　　　　　　注：これらの代数関数は連続であって，代数関数の逆関数は代数関数であり，代数関数の代数関数も代数関数である．

指数関数 　【指数関数】底数が定数aで指数が変数である$y = a^x$は指数関数であって，xが増大したときのyが無限大に近づく速度がどの代数関数より大きく，このような速度をもった代数式は作れないので，指数関数は超越関数である．

対数関数 　【対数関数】$y = \log_a x$と表されたとき，これは$x = a^y$を意味し，この形で表された関数を対数関数という ── $x = a^y$は指数関数のxとyが入れ代っていて，対数関数は指数関数の逆関数である ── ．この対数関数の増加の速度はどの代数関数よりも小さいので超越関数である．なお，$a = 10$とした$\log_{10} x$は常用対数であり$a = \varepsilon = 2.71828$とした$\log_\varepsilon x$は自然対数である．

三角関数 　【三角関数】$y = \sin x$，$y = \cos x$，$y = \tan x$などは三角関数であり，このような周期関数は代数式で表せないので，三角関数も超越関数である．

逆三角関数 　【逆三角関数】たとえば三角関数$y = \sin x$では$x = \sin^{-1} y$となり，このxとyをとりかえた$y = \sin^{-1} x$を逆三角関数といい，yの値が$-\pi/2 \leq y \leq \pi/2$の範囲内を主値といい，これを$y = \mathrm{Sin}^{-1} x$であらわす．

　その他，関数の形や性質に応じて分類すると次のようになる．

陽関数；$y = f(x)$の形，例えば$y = ax^2 + bx + c$

陰関数；$f(x, y) = 0$の形，例えば$x^2 - y \sin x = 0$

助変数表示；$x = f(t)$，$y = g(t)$ の形，例えば$x = \sin \omega t$，$y = \cos \omega t$
　　この同一変域のtを助変数とも媒介変数ともいう．

1価関数；xの一つの値に対しyの値も一つの関数，例えば$y = 3x + 5$は1価関数である．

多価関数；xの一つの値に対し，yの値が二つ以上の関数，例えば$y^2 = x$は2価関数であって，これは$y = \sqrt{x}$と$y = -\sqrt{x}$に分けて考えることができる．このそれぞれを枝関数という．

増加関数；$y = f(x)$が区間a, bで定義され，その区間内の任意の$x_1 < x_2$に対し，$f(x_1) \leq f(x_2)$であると，$f(x)$は区間a, bにおいて単調増加関数であるという．

減少関数；上記に反し$f(x_1) \geq f(x_2)$のとき，$f(x)$は区間a, bにおいて単調減少関数であるという．

偶関数；xの変域内において常に$f(x) = f(-x)$であるとき，これを偶関数といい，そのグラフはY軸に対し線対称になる．

奇関数；上記において，常に$f(x) = -f(-x)$であるとき，これを奇関数といい，原点に対し点対称になる．
　　注：すべての関数は次のように偶関数と奇関数の和として表される．

$$y = f(x) = \frac{1}{2}\{f(x)+f(-x)\} + \frac{1}{2}\{f(x)-f(-x)\} = f_1(x) + f_2(x)$$

ここに，$f_1(x)$；偶関数　$f_2(x)$；奇関数

多元関数；自変数が二つ以上からなる．たとえば $z=f(x, y)$ を多元関数とも多変数関数ともいう．

連続関数；$y=f(x)$ において，x のごく僅かな変化 Δx に対する y の変化を Δy としたとき，Δx を小さくするにしたがって Δy もかぎりなく小さくなるとき，この関数は連続関数であるという．そうならないものを不連続関数という．

注：変域が $a \leq x \leq b$ と示されたときは，x はその両端の値もとりえて，これを閉区間といい，これに対し $a < x < b$ を開区間といったが，これを示すのに閉区間では $[a, b]$，開区間では (a, b) と区別して書くこともあるが，このテキストでは特に，そのことにこだわる必要のない場合は一律に (a, b) で示した．

5·2　関数の極限と極限値に関する定理

(1) 関数の極限

極限値

変数 x の関数 $f(x)$ において，x が限りなくある値 a に近づくとき，それに応じて $f(x)$ もある値 b に限りなく近づくとき，x が a に収束するときの $f(x)$ の極限値は b であるといい，

$$x \to a \text{ のとき } f(x) \to b, \text{ または } \lim_{x \to a} f(x) = b$$

と記する．この変数 x がある値 a に近づくのに二つの行き方がある．その一つは a より大きい値から減少して a に近づく場合で，これを $x \to a+0$ または $x \to a+$ と記し，他の一つは x が a より小さい値から増加して a に近づく場合で，これを $x \to a-0$ または $x \to a-$ と記する．そのいずれから x が a に接近しても同じ極限値 b になる場合を示したのが上記である．なお，

$$\lim_{x \to a} f(x) = +\infty, \quad \lim_{x \to a} f(x) = -\infty$$

は，x が a に収束するとき，前者は $f(x)$ が正の無限大に，後者は負の無限大になることを表す．

$$\lim_{x \to \infty} f(x) = 0$$ は x が正の無限大に近づくと，$f(x)$ は無限小になることを表す．

無限大, 無限小

ここに，無限大は無限に大きくなっていく変量であり，無限小は無限に小さくなっていく変量で，∞/∞，$0/0$ は，分母子の無限大なり無限小になる速度がちがうと，不定形にならない．

(2) 極限値に関する定理

加減乗除によって組合わされた関数の極限値は，それぞれの関数の極限値を求めてから原式通りの加減乗除を行ってよい．すなわち

定理1； $$\lim_{x \to a}\{f_1(x) \pm f_2(x) \pm \cdots \pm f_n(x)\} = \lim_{x \to a} f_1(x) \pm \lim_{x \to a} f_2(x) \pm \cdots \pm \lim_{x \to a} f_n(x)$$

ただし，項数が無限になると，この定理に従わない．

定理 2； $\lim_{x \to a}\{f_1(x_1)\cdot f_2(x_2)\cdot f_3(x_3)\cdots\} = \lim_{x \to a}f_1(x_1)\cdot \lim_{x \to a}f_2(x_2)\cdot \lim_{x \to a}f_3(x_3)\cdots$

なお， $\lim_{x \to a}kf(x) = k\lim_{x \to a}f(x)$ ， $\lim_{x \to a}x^n = \left(\lim_{x \to a}x\right)^n$

定理 3； $\lim_{x \to a}\dfrac{f_1(x)}{f_2(x)} = \dfrac{\lim_{x \to a}f_1(x)}{\lim_{x \to a}f_2(x)}$

(3) 重要な関数の極限値

(1) $\lim_{x \to a}\dfrac{x^n - a^n}{x - a} = na^{n-1}$ ， ただし $a > 0$, $x > 0$

(2) $\lim_{h \to 0}\dfrac{(x+h)^n - x^n}{h} = nx^{n-1}$

(3) $\lim_{n \to \pm\infty}\left(1 + \dfrac{1}{n}\right)^n = \varepsilon$ ， ただし， $\varepsilon = 2.71828\cdots$　ε：自然対数の底数

(4) $\lim_{x \to 0}\dfrac{\sin(\theta + x) - \sin\theta}{x} = \cos\theta$ ， $\lim_{x \to 0}\dfrac{\cos(\theta + x) - \cos\theta}{x} = -\sin\theta$

(5) $\lim_{x \to 0}\dfrac{\sin x}{x} = 1$ ， $\lim_{x \to 0}\dfrac{\tan x}{x} = 1$ ， $\lim_{x \to 0}\dfrac{\sin ax}{bx} = \dfrac{a}{b}$

(6) $\lim_{x \to 0}\dfrac{\log(1+x)}{x} = 1$ ， $\lim_{x \to 0}\dfrac{a^x - 1}{x} = \log a\, (a > 0)$ ， $\lim_{x \to +0}(x \log x) = 0$

5・3　関数の連続性と連続関数に関する定理

(1) 関数の連続性

変数 x がかぎりなく a なる値に接近したとき，関数 $f(x)$ も限りなくある一定の値に近づき，その収束値が $\lim_{x \to a}f(x) = f(a)$ であるとき，この関数は $x = a$ で連続である．これに反し，$f(a)$ が存在しないか，存在しても $f(a) \neq \lim_{x \to a}f(x)$ であるときは，$f(x)$ は $x = a$ で不連続であって，この $x = a$ を $f(x)$ の不連続点という．—— $f(x)$ がある区間内で少なくとも1点で不連続だと，$f(x)$ はその区間で**不連続関数**である．

(2) 連続関数に関する定理

連続関数

定理1； 有限個の連続関数の和，差および積は連続関数であり，また，二つの連続関数の商もまた連続関数である．ただし，この場合の除数関数は零にならないものとする．

定理2； 連続関数の連続関数（合成関数）はまた連続関数である．

定理3； 1価単調連続関数の逆関数もやはり1価単調連続関数である．

定理4； $f(x)$ が x の変域内の a で連続で，しかも $f(a) \neq 0$ であると，正数 δ を十分に小さくすると $f(a \pm \delta)$ は $f(a)$ と同符号である．

定理5；$f(x)$がxのある変域内で連続であると，この変域内の2数a, bに対する$f(x)$の値$f(a)$と$f(b)$が異符号なら，aとbの間に$f(x)$を0とするxの値は少なくとも一つは存在する．

定理6；$f(x)$がxのある変域内で連続であると，この変域内の2数をa, bとすると，$f(x)$は$a<x<b$で$f(a)$と$f(b)$との間のあらゆる値をとる．

5・4 微係数とその応用

(1) 微係数の意義

変数xからなる関数$y=f(x)$のxの値がaからΔxだけ変化したときの関数値の変化は$\Delta y=f(a+\Delta x)-f(a)$になり，この$\Delta x$を限りなく小さくしたとき，$\Delta y$の値も限りなく小さくなり，その極限値が一定値に収束するとき，すなわち

$$\lim_{\Delta x \to 0} \frac{f(a+\Delta x)-f(a)}{\Delta x} = \lim_{\Delta x \to 0} \frac{\Delta y}{\Delta x} = \frac{dy}{dx} = f'(a) = \tan\alpha$$

微係数 となるとき，この極限値を$x=a$における関数yの微係数または微分係数といい，これを$f'(a)$であらわし，この場合，$y=f(x)$は$x=a$で微分が可能だという．―― 微分dy, dxはその比dy/dxが一定な$f'(a)$に等しいという制約の下にあって，無限に小

微分商 さくなりつつある変数である．これを微分商という ――．また，曲線上のこの点に引いた接線がX軸となす角をαとすると，$\tan\alpha = f'(a)$になる．

注：上記の極限値が存在しない場合でも，左極限値 $\lim_{\Delta x \to 0-} \Delta y/\Delta x$，または右極限値 $\lim_{\Delta x \to 0+} \Delta y/\Delta x$が存在すると，これを左微係数または右微係数という．この両者が共に存在して一致するとき，$y=f(x)$は$x=a$で微分が可能になる．

さて，このような微係数をxの変域におけるあらゆる点で求めたものは一つの曲線となり，やはりxの関数である．すなわち，

$$\lim_{\Delta x \to 0} f\frac{(x+\Delta x)-f(x)}{\Delta x} = \frac{dy}{dx} = f'(x) = y'$$

導関数 これを原関数の1次導関数といい，さらに，これをxについて微分した$f''(x)=y''$を2次導関数，さらに3度微分したものを3次導関数といい，2次以上の導関数を一般に高次導関数と称する．たとえば，距離sが時間の関数$s=f(t)$で表されるとき，$f'(t)=v$と速度を示し，$f''(t)=\alpha$は加速度を表す．

要するに，m次導関数は$(m-1)$次導関数の変化の割合とその状況を表すもので，たとえば1次導関数$f'(x)$は原関数$f(x)$の変化を表し，$f'(x)$が大きいところほど$f(x)$の変化が大きく，小さいところほど小さくなり，$f'(x)$が0であると，極大点か極小点か変曲点になり，$f'(x)>0$だと変数xの増減と関数$y=f(x)$の増減が一致して単調に増加し，$f'(x)<0$だとxの増減とyの増減が相反して単調に減少する．

(2) 近似値の計算

xの微分dxに対するyの微分をdyとすると

$$\frac{dy}{dx} = f'(x) \quad \therefore dy = f'(x)dx$$

この dy, dx は無限に小さくなりつつある変量であるが,これをある程度小さな値にとどめても,近似的にこの関係が成立し,関数値の微小変化を求める式に用いられる.それを計算するには,まず $y = f(x)$ の関係式を求め,y を x について微分して $f'(x)$ を求めて上式によって算定する.

5·5 導関数と原関数（微分と積分の関係）

(1) 導関数と原関数

原関数

原関数 $f(x)$ を微分してえた導関数 $f'(x)$ は,原関数の変化の割合やその状況を表しているので,導関数のグラフから原関数の形を知ることができる.ただし,原関数を表す曲線の上下の位置を確定することができない.これが積分定数となって表れてくる.

(2) 微分と積分の関係

導関数

(1) 原関数を微分したものが導関数であり,この導関数を積分すると原関数になるので微分と積分は逆算関係にある.すなわち,

$$\frac{d}{dx}f(x) = f'(x) \quad \therefore f(x) = \int f'(x)dx + k \quad \text{ただし, } k: \text{積分定数}$$

(2) 曲線を表す式,$y = f(x)$ を x について積分すると,この曲線がX軸との間に構成する面積 z を与え,逆に,この $z = f(x)$ を微分すると曲線を表す式 $y = f(x)$ がえられる.すなわち,

$$z = f(x) \to y = \frac{d}{dx}z = f'(x), \quad \int f'(x)dx = \int y\,dx \to z = f(x)$$

(3) 任意の曲線上で接近した2点間の距離を ds,これに対応する x と y の微分を dx,dy とすると

$$ds = \sqrt{1 + \left(\frac{dy}{dx}\right)^2}\,dx = \sqrt{1 + y'^2}\,dx$$

として ds が求められる.

注：ある関数の微分が可能なためには連続関数でなくてはならないが,連続関数は必ず微分ができるというわけにいかないので,関数の微分の可能性と連続性の間には不可分の関係はない.

6 微分法の応用例題

【例題1】

図6·1のような抵抗R〔Ω〕,自己インダクタンスL〔H〕,静電容量C〔F〕の直列回路に電流$i = I_m \sin \omega t$〔A〕を流すための供給電圧e〔V〕を求めよ.

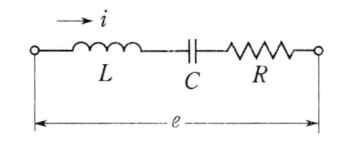

図6·1 R, L, Cの直列回路

【解答】

電気工学上に数学を応用する場合,特に注意せねばならないことは,取扱う現象の基本概念を明確にしておくことで,そうでないと誤用してまちがった結果をうるおそれがある.そこで蛇足とは重々承知だが,その第1歩から解説することにしよう.まず,自己インダクタンスの部分だけをとりあげて考えよう.

> 自己インダクタンス

さて,一つの回路の電流変化が1〔A/sec〕であるとき,その回路に発生する自己誘導起電力が1Vである場合,その回路の自己インダクタンスは1〔H〕だから,電流変化がi_0〔A/sec〕であるときの自己誘導起電力がe_L〔V〕であると回路の自己インダクタンスは$L = e_L/i_0$〔H〕になり,これはまた$e_L = Li_0$ということでもある.このi_0は電流の変化でdi/dtに相当するので,

$$e_L = -L\frac{di}{dt} = -L\frac{d}{dt}(I_m \sin \omega t) = -LI_m \frac{d\sin \omega t}{d\omega t} \cdot \frac{d\omega t}{dt} = -\omega LI_m \cos \omega t = \omega LI_m \sin\left(\omega t - \frac{\pi}{2}\right)$$

ということになる.

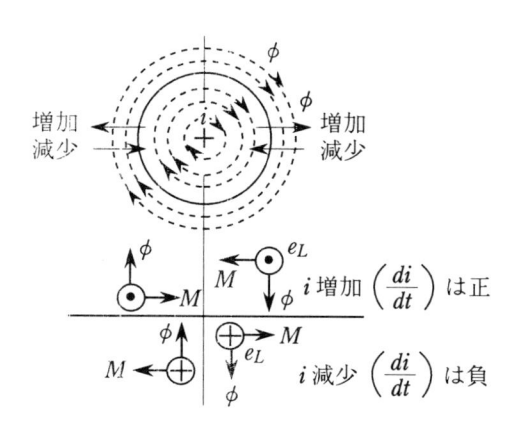

図6·2 電流の変化とe_Lの方向

6 微分法の応用例題

正方向 　次に上式の右辺に負号をつけねばならないことを補説しよう．図6·2で，電圧・電流の正方向を紙面上より紙面下の方向 ⊕（矢尻）とし，この方向に電流が増加しているとき (di/dt) は正になる．このとき電流 i による磁力線 ϕ は ── ちょうど池中に1石を投じたとき石の落下点を中心として，次々と波紋が生れ，その半径を大きくしていくように ── 導体を切りながら，その半径を次第に大きくしてゆく．そこで導

誘導起電力 体の右半分をとってこれによる誘導起電力 e_L をフレミングの右手の法則によって求めると，ϕ の方向（ひとさし指）は右ねじの法則により上より下であり，また，磁力線は導体を左より右に切るので，磁力線が静止していると考えると導体が磁力線を右より左の方向に切ることになるので，導体の運動の方向 M（おや指）は右より左になる．そこで e_L（なか指）は紙面下から紙面上の方向 ⊙（矢先）になる．

　同様に導体の左半分では ϕ の方向は下より上に向き，M の方向は左より右になって e_L の方向は右半分と同じく ⊙ になり負方向になる．

　次に電流が減少するとき，すなわち，(di/dt) が負になると，磁力線はその半径を次第に縮小して次々と導体の中心に消えこみ，磁力線は導体を外より内の方向に，従って導体は磁力線を内より外の方向に切ることになるので，同図の下に示したように e_L は ⊕ 方向すなわち正方向になる．結局，e_L は電流 i の変化を阻止する方向に生ずることになり，$\left(\dfrac{di}{dt}\right)$ が正で e_L は負方向，$\left(\dfrac{di}{dt}\right)$ が負で e_L は正方向と常に e_L は (di/dt) と符号が反対だから，$e_L = -L(di/dt)$ と負号をつけねばならない．この e_L に打ち勝って電流 i を流すためには e_L を打ち消す電圧 ── これと反対方向の電圧 ──

$$e_L' = -e_L = \omega L I_m \sin\left(\omega t + \frac{\pi}{2}\right)$$

を加えねばならない．この e_L' は電流より $\pi/2$ 進む，逆にいうと，L に流れる電流は供給電圧 e_L' より $\pi/2$ 遅れる．また，電流 $i = I_m \varepsilon^{j\omega t}$ と指数関数で表示できるが，この場合は

$$e_L = -L\frac{di}{dt} = -L\frac{d}{dt}I_m \varepsilon^{j\omega t} = -LI_m\left(\frac{d\varepsilon^{j\omega t}}{dj\omega t}\cdot\frac{dj\omega t}{dt}\right) = -j\omega L I_m \varepsilon^{j\omega t}$$

というようになり，この $i = I_m \varepsilon^{j\omega t}$ だけを微分したものは

$$\frac{d}{dt}i = j\omega I_m \varepsilon^{j\omega t} = j\omega i$$

となって，正弦波を微分すると係数に j がつき，この場合，記号的には $d/dt = j\omega$ とおくことができる．

静電容量 　次に静電容量の部分をとりあげて考えてみよう．C に加えられた電圧を $e_C' = E_m \sin\omega t$ [V] とすると，C に貯えられる電荷 q [C] は $q = Ce_C' = CE_m \sin\omega t$ となり，水槽の水量の変化が水槽への水の流入，流出量になるように，この電荷の時間的変化

充電電流 が充電電流 i になるので，

$$i = \frac{dq}{dt} = CE_m \frac{d\sin\omega t}{dt} = \omega CE_m \cos\omega t = \omega CE_m \sin\left(\omega t + \frac{\pi}{2}\right)$$

となる．この場合，左辺に負号のつかない理由は，e が増大すると q が増加し，この充電するときの電圧・電流の方向を正とすると，e が減少して q も減少し放電すると

-49-

きの電流は，前と反対方向で負になる．すなわち

$$\left(\frac{dq}{dt}\right)が正でiは正, \quad \left(\frac{dq}{dt}\right)が負でiは負$$

となるので右辺に負号はなく，

$$i = -\frac{dq}{dt} \quad (充電の場合)$$

放電　ただし，充電された C を放電する場合は，外部に対する C の電圧の方向を電流の正方向とすると，放電して q が減少，すなわち，(dq/dt) が負で電流 i は正方向となるので，

$$i = -\frac{dq}{dt} \quad (放電の場合)$$

というように右辺に負号をつける．

なお，この場合，電圧を指数関数 $e_C' = E_m \varepsilon^{j\omega t}$ で表すと，

$$i = \frac{dq}{dt} = CE_m \frac{d\varepsilon^{j\omega t}}{dt} = j\omega C E_m \varepsilon^{j\omega t}$$

というようになる．前の式から明らかなように，この場合の電流は供給電圧より $\pi/2$ だけ進んでいる．したがって図6・1での

R の供給電圧　　$e_R' = -(-iR) = RI_m \varepsilon^{j\omega t}$

L の供給電圧　　$e_L' = -e_L = j\omega L I_m \varepsilon^{j\omega t}$

C の供給電圧　　$e_C' = \dfrac{i}{j\omega C} = -j\dfrac{1}{\omega C} I_m \varepsilon^{j\omega t}$

全供給電圧　　$e = e_R' + e_L' + e_C' = \left\{R + j\left(\omega L - \dfrac{1}{\omega C}\right)\right\} I_m \varepsilon^{j\omega t}$

回路のインピーダンスは上式から明らかなように

$$Z = R + j\left(\omega L - \frac{1}{\omega C}\right) \quad |Z| = \sqrt{R^2 + \left(\omega L - \frac{1}{\omega C}\right)^2}$$

というようになる．

【例題2】

図6・3のように相互インダクタンス M [H] で結合された二つの回路の一方に電流 $i = I_m \sin\omega t$ [A] が流入したとき，他側の静電容量 C [F] に流れる電流 i_2 を求めよ．

ただし，コイルの抵抗やインダクタンスを無視する．

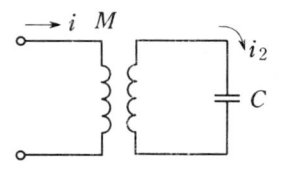

図6・3　結合回路の2次電流

【解答】

まず，他側に表れる電圧を考えよう．一方の回路の電流変化が 1 [A/sec] であるとき，これによって他方に生ずる誘導電圧が 1V であると両回路間の**相互インダクタンス**は 1 [H] になるので，相互インダクタンスが M [H] で，その電流変化が di/dt であ

−50−

相互誘導電圧 るときの相互誘導電圧 e_M は

$$e_M = -M\frac{di}{dt} = -M\frac{d}{dt}I_m \sin\omega t = -\omega M I_m \cos\omega t = \omega M I_m \sin\left(\omega t - \frac{\pi}{2}\right)$$

となる．この場合，仮に i の回路の自己インダクタンスを L とすると，その自己誘導電圧は $e_L = -L(di/dt)$ になる．その同じ磁力線の1部によって e_M が生ずるのだから，e_M は e_L と全く同じ性質をもつので右辺に負号をつける．

なお，$i = I_m \varepsilon^{j\omega t}$ で表すと

$$e_M = -M\frac{di}{dt} = -j\omega M I_m \varepsilon^{j\omega t}$$

したがって，求める i_2 は充電の場合であるから

$$i_2 = \frac{dq}{dt} = \frac{de_M C}{dt} = -MC\frac{d}{dt}\left(\frac{di}{dt}\right) = -MC\frac{d^2 i}{dt^2}$$

$$= -MC\frac{d^2 I_m \varepsilon^{j\omega t}}{dt^2} = \omega^2 MC I_m \varepsilon^{j\omega t}$$

となって，e_M は i の第1次導関数として与えられるが，i_2 はその第2次導関数として与えられる．

【例題3】

抵抗 R，静電容量 C からなる図6・4のような回路のAB端子間に電圧 $e_1 = E_m \varepsilon^{j\omega t}$ を加えたとき，これと端子CD間に表れる電圧 e_2 との関係を求めよ．

ただし，$\omega RC \ll 1$ とする．

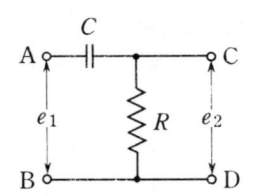

図6・4 微分回路

【解答】

図から明らかなように，

$$e_2 = iR = \frac{e_1 R}{R - j\frac{1}{\omega C}} = \frac{j\omega CR}{1 + j\omega CR}e_1 \fallingdotseq j\omega CR e_1$$

$$(\because \ \omega CR \ll 1)$$

また，$e_1 = E_m \varepsilon^{j\omega t}$ を t について微分すると

$$\frac{de_1}{dt} = j\omega E_m \varepsilon^{j\omega t} = j\omega e_1$$

となるので，これを上式の e_2 と比較すると

$$e_2 = RC\frac{de_1}{dt}$$

となって，CD端子間の出力電圧はAB端子間の入力電圧を微分したような形になる．

微分回路 | このような回路を「微分回路」という．また，これに対して微分回路の入力側と出力側を置換した図6･5のような回路で，この場合は$\omega RC \gg 1$とすると，AB端子間の入力電圧をe_1としたとき，CD端子間の出力電圧e_2は

$$e_2 = \frac{-j\frac{1}{\omega C}e_1}{R - j\frac{1}{\omega C}} = \frac{1}{1 + j\omega RC}e_1 \fallingdotseq \frac{1}{j\omega RC}e_1$$

いま，$e_1 = E_m \varepsilon^{j\omega t}$として，その両辺を$t$について積分すると

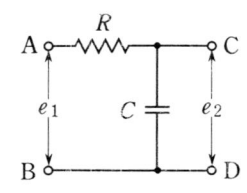

図6･5 積分回路

$$\int e_1 dt = \int E_m \varepsilon^{j\omega t} dt = \frac{1}{j\omega}e_1$$

となる．これを前式のe_2と比較すると

$$e_2 = \frac{1}{RC}\int e_1 dt$$

積分回路 | となって，CD端子間の出力電圧はAB端子間の入力電圧を積分したような形になる．このような回路を「積分回路」といい，いずれも演算回路の素子として用いることができる．

さて，以上の2例は導関数の直接的な応用であったが，次に条件吟味への応用を示そう．

【例題4】

図6･6のような同心円筒において内部導体の半径をr，外部導体の内半径をRとしたとき，この導体間に加える電圧Vを次第に増加した場合，コロナを発生して火花放電を生じないためのRとrの関係を求めよ．ただし，両導体間は空気で絶縁されているものとする．

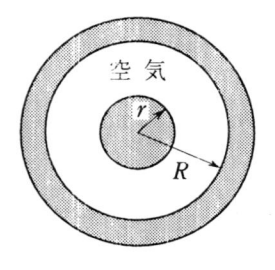

図6･6 同心円筒

【解答】

ガウスの定理 | 周知のガウスの定理「電荷をふくむ閉表面を直角に通過する全電気力線数は，その閉表面にふくまれた全電荷の代数和の$1/\varepsilon$に等しい」．ただし，$\varepsilon = \varepsilon_0 \varepsilon_s$で，$\varepsilon_s$は場の比誘電率，$\varepsilon_0$は真空中の誘電率で$10^7/4\pi c^2$，$c = 3 \times 10^8$．これを式で書くと

6 微分法の応用例題

直角に通過する全電気力線数 $\psi = \dfrac{1}{\varepsilon}\sum \pm Q$

円筒状導体 さて，図6·7のように外径$2r$〔m〕の円筒状導体の長さ1〔m〕当たりにつきq〔C〕の電荷が与えられたとする．この円筒の中心線からx〔m〕のP点で半径x〔m〕で高さh〔m〕の同心円筒形の閉表面をとって考えると，$+q$から出る電気力線は下図のように，軸心を中心とした放射状になって，円筒の側壁面を直角に通過し，円筒の上下面から出るものはない．この半径xの円筒状閉表面にふくまれた全電荷はhqになるので，ガウスの定理によって側壁面を直角に通過する．

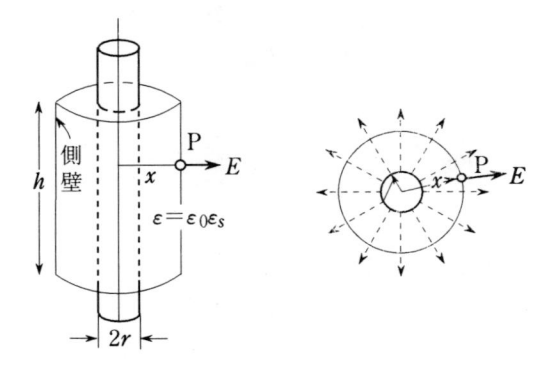

図6·7 帯電円筒による電界

$$\text{全電気力線数}\quad \psi = \dfrac{hq}{\varepsilon} = \dfrac{hq}{\varepsilon_0 \varepsilon_s}$$

電気力線 となる．また，一方から考えると電気力線は軸心から放射状に出ていて，半径xの円筒の側壁面の至るところで，電気力線密度すなわち電界の強さEの相等しいことが容易に推察されるので，

全電気力線数 $\psi = (2\pi x \times h) \times B = 2\pi x h E$

としてよい．この二つのψの式を等しいとおいてEを求めると

$$\dfrac{hq}{\varepsilon} = 2\pi x h E$$

$$\therefore\ \text{電界の強さ}\quad E = \dfrac{q}{2\pi\varepsilon x}\ \ \text{〔V/m〕} \tag{1}$$

電位傾度 になる．このEは同時に軸心からxなる点の電位傾度——距離の変化dxに対する電位の変化dVの割合，(dV/dx)を電位傾度という——を表している．

また，Eの値は導体の半径に関係がないから，$r=0$の直線状電荷による電界の強さも，この式で求められる．さて，電位は，このEにさからって$+1$〔C〕の電荷を無限遠からこの点まで運ぶ仕事に等しく

$$\text{電位}\quad V = \int_{x=x}^{x=\infty} E\,dx = \dfrac{q}{2\pi\varepsilon}\bigl[\log x\bigr]_x^{\infty}$$

$$= \dfrac{q}{2\pi\varepsilon}(\log\infty - \log x) = \dfrac{q}{2\pi\varepsilon}\log\dfrac{1}{x} + C$$

ここで，$C \to \infty$であって，

$$\log\infty - \log x = 0 - \log x + \log\infty = \log 1 - \log x + \log\infty = \log\dfrac{1}{x} + C$$

というようになって，この場合，1点の電位は不確定になる．ところが，2点$x = R$
電位差 と$x = r$間の電位差は

電位差 $V = V_r - V_R$

$$= \frac{q}{2\pi\varepsilon}\left(\log\frac{1}{r} + C - \log\frac{1}{R} - C\right) = \frac{q}{2\pi\varepsilon}\log\frac{R}{r} \qquad (2)$$

として確定する．これは数学的に妙な結果が出たように思われるが，これでよいのであって，点電荷 q の場合だと無限に遠いところでは電界の強さは0になり電位も0で，これからその点まで $+1$ 〔C〕の電荷を運ぶ仕事は有限で確定し，電位は $V = q/4\pi\varepsilon x$ と確定する．ところが無限長に亘って電荷が分布している場合は，無限遠のところの電界の強さは0にならず不定になるので，その点まで $+1$ 〔C〕の電荷を運ぶ仕事は確定しない．そこで電位も不定となるが，2点間なら上記のように不確定な無限遠の電界の強さが相殺されて電位差が確定する．

上記の(2)式より $\quad q = \dfrac{2\pi\varepsilon V}{\log\dfrac{R}{r}}$,

これを(1)式に代入すると，電位傾度 $g = E = \dfrac{V}{r\log\dfrac{R}{r}} \qquad (3)$

火花放電電圧　そこで，この V の値を次第に大きくしていくと g も大きくなり，それが火花放電電圧に達すると両導体間の空気の絶縁が破れて火花放電を起こすが，火花電圧に達する

コロナ放電　以前に，導体表面に電界の集中している部分にコロナ放電を生じ ── これによる電流はごく僅小で 10^{-6}A 程度 ── 図6·8のように，それだけ導体の半径 r が大きくなって r' になったのと同様になる．さて，この場合

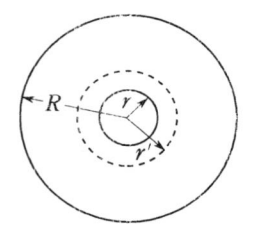

図6·8　コロナ放電

$$\frac{dg}{dr} = \lim_{\Delta r \to 0}\frac{\Delta g}{\Delta r}$$

を(3)式について求めると

$$\frac{dg}{dr} = V\frac{d}{dr}\left(r\log\frac{R}{r}\right)^{-1} = V\left\{\frac{d(r\log R/r)^{-1}}{d(r\log R/r)}\cdot\frac{d(r\log R/r)}{dr}\right\}$$

$$= V\left\{-\left(r\log\frac{R}{r}\right)^{-2}\left(\log\frac{R}{r} + r\frac{d\log R/r}{d R/r}\cdot\frac{d R/r}{dr}\right)\right\} = V\frac{1 - \log\dfrac{R}{r}}{\left(r\log\dfrac{R}{r}\right)^{2}} \qquad (4)$$

ただし，$\dfrac{d\log x}{dx} = \dfrac{1}{x}$ であって，前式の後項（　）内の第2項は

$$r \times \frac{r}{R} \times \left(-\frac{R}{r^2}\right) = -1$$

になる．なお，関数の商の微分係数の公式からも求められる．

この $dg/dr>0$ だと，図6・9のAに示すように，コロナによる導体半径 r の増大とともに電位傾度 g の値も g' のように増大して絶縁破壊をおしすすめて火花放電になる．

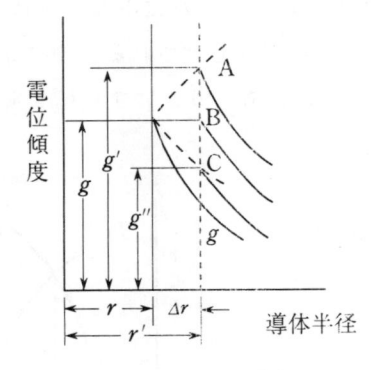

図6・9 コロナ放電と電位傾度

また，$dg/dr=0$ で電位傾度 g が変わらないBの場合も絶縁破壊がおし進められる．ところが，$dg/dr<0$ だと同図のCのようにコロナ放電によって仮想的に導体の半径が r' に増すと，電位傾度は g'' のように低下するので，これ以上に周辺の空気の絶縁が破壊されることなく，コロナ放電を続けることになる．このことを(4)式について検討するに分母は正数だから分子について考えればよく

火花放電の条件

(1) $\dfrac{dg}{dr} \geq 0$ の火花放電の条件は

$$\left(1-\log\frac{R}{r}\right) \geq 0, \quad \log\frac{R}{r} \leq 1 = \log\varepsilon$$

ただし，$\log M = a$ だと $\varepsilon^a = M$ であり $\log\varepsilon = b$ とおくと $\varepsilon^b = \varepsilon$，$b=1$
すなわち $\log\varepsilon = 1$ である．
したがって，$\dfrac{R}{r} \leq \varepsilon \quad \varepsilon = 2.718\cdots\cdots$

いいかえると $R \leq 2.718r$ にするとコロナ放電を維持することなく火花放電になる．

コロナ放電の条件

(2) $\dfrac{dg}{dr} < 0$ のコロナ放電の条件は

$$\left(1-\log\frac{R}{r}\right) < 0, \quad \log\frac{R}{r} > \log\varepsilon, \quad \frac{R}{r} > \varepsilon$$

すなわち $R>2.718r$ にすると，火花放電に移ることなく，コロナ放電を持続する．

【例題5】
負荷の所要トルク T_L が速度 n に対し $T_L = k_1 n^2$，ただし，k_1；正の定数であり，これを運転する3相誘導電動機の同期速度 (n_s) 付近における発生トルク T_M は速度 n に対し

$$T_M = k_2\left(1-\frac{n}{n_s}\right) \quad \text{ただし} k_2 \text{；正の定数}$$

で表されるという．この場合，3相誘導電動機は同期速度付近で安定運転の行いうることを証明し，安定速度を求めよ．

【解答】

速度・トルク曲線

電動機と負荷の速度・トルク曲線――速度の増大に対応する電動機の発生トルク

-55-

または負荷の所要トルクの変化を画いた曲線 ―― をそれぞれ T_M, T_L としたとき，図6·10の(a)の場合は運転が安定であり，(b)の場合は不安定である．というのは両曲線の交点に対応する速度 n_0 において，(a)の場合は速度が n_0 以上に加速されると負荷のトルク T_L が増加するのに対し，これにトルクを供給する T_M が逆に小さくなるので速度は低下してもとの n_0 に引きもどされる．逆に n_0 以下に減速すると $T_M > T_L$ になるので加速されて n_0 にもどり，いずれにしても n_0 で安定に運転する．

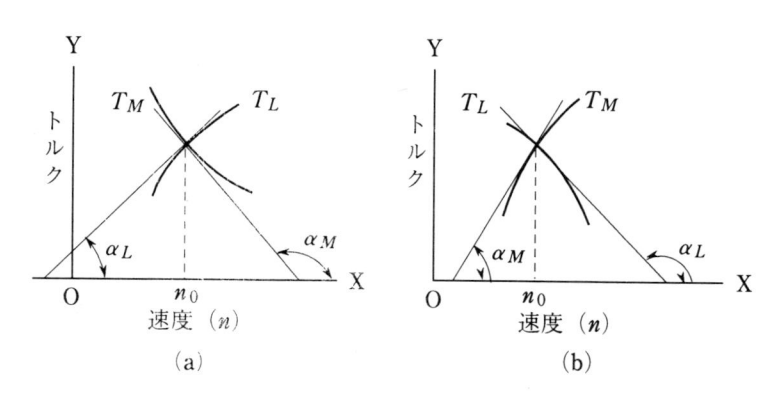

図6·10 速度・トルク曲線

ところが(b)図では速度が n_0 より大きくなると，$T_M > T_L$ でますます加速されてとどまるところがなく，逆に速度が n_0 以下になると $T_M < T_L$ になって，いよいよ減速されて遂に停止し，n_0 からちょっと速度が変わると限りなく加速されたり減速されて安定運転ができない．このことを数式であらわすと

(1) $\dfrac{dT_L}{dn} > \dfrac{dT_M}{dn}$ において運転は安定し

(2) $\dfrac{dT_L}{dn} < \dfrac{dT_M}{dn}$ において運転は不安定である．

このことは，前の図6·10について考えると明らかで，(1)であると例えば(a)図のようになり，(2)であると例えば(b)図のようになる．あるいはまた，

$$\tan\alpha_L = \dfrac{dT_L}{dn}, \quad \tan\alpha_M = \dfrac{dT_M}{dn} \quad \text{だから}$$

(1) $\tan\alpha_L > \tan\alpha_M$ で運転は安定，(2) $\tan\alpha_L < \tan\alpha_M$ で運転は不安定，ということもできる．また，図6·11は代表的な負荷に対する運転安定点を示したもので，T_M は電動機の速度・トルク曲線であり，①は負荷の所要トルクが速度に反比例する．例えば定出力電動発電機負荷の速度・トルク曲線であり，②は例えば巻上用電動機負荷のようなほぼ定トルクのものの速度・トルク曲線であり，③は負荷の所要トルクが速度のほぼ2乗に比例する，例えば送風機負荷やポンプ負荷のようなものの速度・トルク曲線である．いずれにしても図のような両曲線の交点は先の条件を満たすので運転の安定点になる．

運転安定点

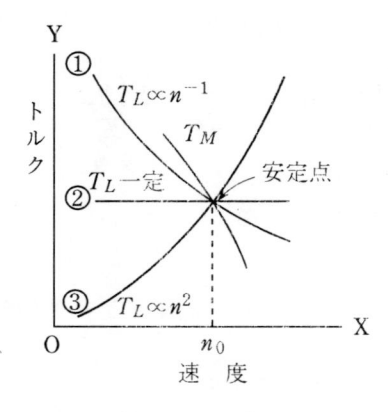

図6・11 運転の安定点

3相誘導電動機 さて，問題は3相誘導電動機であって，負荷は送風機やポンプと同様に所要トルクが速度の2乗に比例するので，それぞれの速度・トルク曲線は図6・12のT_M, T_Lのようになり，同期速度n_sの付近では

$$\tan \alpha_L = \frac{dT_L}{dn} = 2k_1 n > 0$$

$$\tan \alpha_M = \frac{dT_M}{dn} = -\frac{k_2}{n_s} < 0$$

$$\therefore \tan \alpha_L > \tan \alpha_M, \quad \text{または} \quad \frac{dT_L}{dn} > \frac{dT_M}{dn}$$

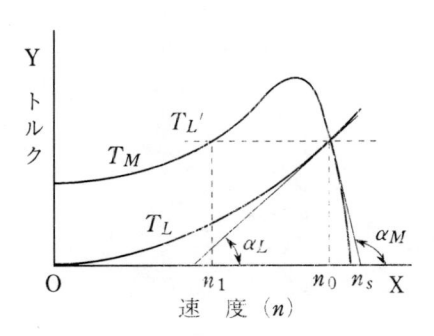

図6・12 安定運転の範囲

となって，安定運転が行える．

安定速度 この安定速度n_0は問題の式で$T_L = T_M$とするn_0を求めればよく

$$k_1 n_0^2 = k_2 \left(1 - \frac{n_0}{n_s}\right)$$

$$k_1 n_s n_0^2 + k_2 n_0 - k_2 n_s = 0$$

$$\therefore n_0 = \frac{-k_2 \pm \sqrt{k_2^2 + 4k_1 k_2 n_s^2}}{2k_1 n_s}$$

なお，負荷が前図の点線で示したT_L'のように定トルクであるとき —— 起動器を用いて起動せねばならないが —— T_L'とT_Mは2箇の交点をもつことになる．この低速度n_1での交点では

$$\frac{dT_L}{dn} = 0, \quad \frac{dT_M}{dn} > 0 \quad \therefore \quad \frac{dT_L}{dn} < \frac{dT_M}{dn}$$

となって不安定点となり安定運転ができない．これに対して高速度のn_0点では，

$$\frac{dT_L}{dn}=0, \quad \frac{dT_M}{dn}<0 \quad \therefore \quad \frac{dT_L}{dn}>\frac{dT_M}{dn}$$

で安定点となり安定運転ができる．

【例題6】

アーク長を一定としたとき，アーク電圧Vとアーク電流Iの関係が

$$V=k_1+\frac{k_2}{I^n} \quad k_1,\ k_2,\ n：定数$$

で示されたときアークを安定に維持するための直列安定抵抗の値を求めよ．

【解答】

直列安定抵抗の値をRとし，供給電圧をEとすると，

$$E=V+V'=k_1+\frac{k_2}{I^n}+IR$$

になる．電流Iの増加に対するVとV'ならびにEの値を示すと，図6・13のようになる．すなわち，アーク電流Iが増すと上式よりアーク電圧Vの値は図のように減少し，いわゆる負特性を呈し，電流の増加で所要電圧が減少し，いよいよ電流を増加してアークを短絡することになる．

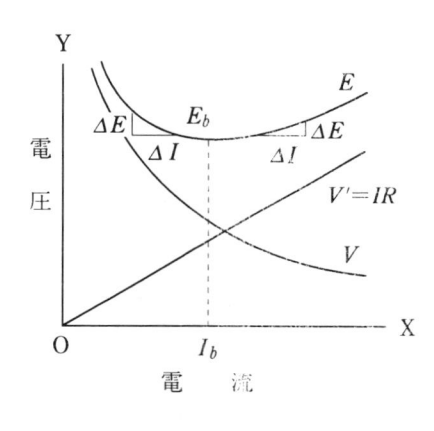

図6・13 アークの電圧・電流特性

反対に何かの理由で電流が減少すると所要電圧が増大し，ますます電流を減少してアークを消滅する．従って，このままではアークは不安定である．そこで，これと直列に抵抗Rを接続すると，この電圧・電流曲線は$V'=IR$で電流に比例して図のような直線になる．このVとV'を加えた合成の電圧・電流特性曲線は図のEのようになる．図から明らかなように，一定のアーク長に対して，これを点弧する最小電圧はE曲線の最低値のE_bであり，これに相当するアーク電流はI_bである．

このE_b点より右側では，電流が増加すると所要電圧が大となって，電流の増加を阻止し，電流が減少すると所要電圧が小さくなって電流の減少を阻止するのでアークは安定である．ところがE_bの左側では，電流が増加すると所要電圧が小となり，電流はさらに増加してE_b点にまで達する．また，電流が減少すると前述したように所要電圧が大となり，電流を減少させてアークを消滅させる．従って，この側ではアークは不安定である．

6 微分法の応用例題

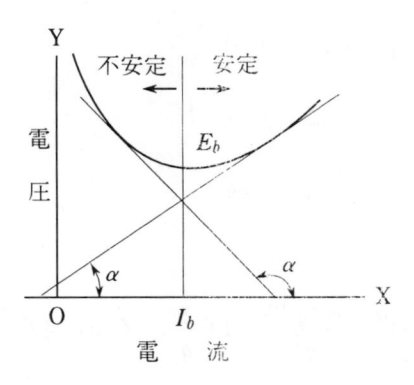

図6·14 アークの安定と不安定

これを表したのが**図6·14**であって，

(1) $\dfrac{dE}{dI} = \tan\alpha > 0$，でアークは安定

(2) $\dfrac{dE}{dI} = \tan\alpha < 0$，でアークは不安定

さて，本問におけるEの式をIについて微分して安定条件を求めると

$$\dfrac{dE}{dI} = -\dfrac{nk_2}{I^{n+1}} + R > 0 \quad \therefore \quad R > \dfrac{nk_2}{I^{n+1}}$$

となるように直列抵抗の値を定めると，アークを安定に維持することができる．

条件吟味の問題は，代表的な以上の2例にとどめ，次に平均値の定理の応用として，(3·14) 式に示した

$$f(x+h) \fallingdotseq f(x) + hf'(x)$$

を用いる応用例題を研究することにしよう．

【例題7】

ある変圧器の定格周波数，定格電圧における鉄損が500Wであるとき，電圧が5％低下したときの鉄損は何ワットになるか．ただし，周波数は一定とし，ヒステリシス損と渦電流損の比を4：1とする．

【解答】

鉄損はヒステリシス損と渦電流損からなり，周波数を一定としたとき，前者は電圧の1.6乗に，後者は電圧の2乗に比例して変化する．いま，定格電圧Eにおけるそれぞれの値をP_h, P_eとすると，題意により$P_h = 4P_e$だから全鉄損は

$$W_0 = P_h + P_e = 4P_e + P_e = 5P_e, \quad P_e = \dfrac{W_0}{5}, \quad P_h = \dfrac{4W_0}{5}$$

いま，電圧がE'になったとすると

$$P_h' = P_h \times \left(\dfrac{E'}{E}\right)^{1.6} = \dfrac{4W_0}{5} q^{1.6}$$

$$P_e' = P_e \times \left(\dfrac{E'}{E}\right)^{2} = \dfrac{W_0}{5} q^{2}$$

ただし，$q = \dfrac{E'}{E}$ とおいた．

鉄損

$$\text{全鉄損 } W = \frac{W_0}{5}(4q^{1.6} + q^2) = f(q)$$

となり，鉄損は q の関数として表され $f'(q)$ は

$$f'(q) = \frac{d}{dt}f(q) = \frac{W_0}{5}(6.4q^{0.6} + 2q)$$

となり，これと $f(q)$ との比は

$$\frac{f'(q)}{f(q)} = \frac{6.4q^{0.6} + 2q}{4q^{1.6} + q^2} \fallingdotseq \frac{6.4q^{0.6}}{4q^{1.6}} = 1.6\frac{1}{q}, \quad f'(q) = 1.6\frac{1}{q}f(q)$$

さて，q が h だけ増加したときの略近値は $(3\cdot 14)$ 式より

$$f(q+h) \fallingdotseq f(q) + hf'(q) = f(q)\left(1 + 1.6\frac{h}{q}\right)$$

問題で $q = 1$ とすると，$h = -\dfrac{5}{100}$ となるので

$$W' = f(q+h) \fallingdotseq W_0\left(1 - 1.6 \times \frac{5}{100}\right) = 500 \times 0.92 = 460 \,\text{W}$$

というように求められる．

【例題8】
ガイドベーンの同一開きにおいて落差が 6% 減少したときの水車出力の変化を求めよ．

【解答】
有効落差 H がことごとく速度水頭 $v^2/2g$ となったとき，水の速度 v は

$$H = \frac{v^2}{2g}, \quad v = \sqrt{2gH}$$

これを S なる断面積から噴出させたときの流量 Q は，$Q = Sv = S\sqrt{2gH}$ になり，水車の理論出力 p は

$$p = 9.8QH = 9.8S\sqrt{2gH}\cdot H = kH^{\frac{3}{2}} = f(H)$$

になって，出力は有効落差 H の 3/2 乗に比例し，P は H の関数になる．これを微分した

$$f'(H) = \frac{d}{dH}kH^{\frac{3}{2}} = \frac{3}{2}kH^{\frac{1}{2}}$$

となる．これと $f(H)$ の比を求めると，

$$\frac{f'(H)}{f(H)} = \frac{\frac{3}{2}kH^{\frac{1}{2}}}{kH^{\frac{3}{2}}} = \frac{3}{2}\cdot\frac{1}{H}$$

$$f'(H) = \frac{3}{2}\cdot\frac{1}{H}f(H)$$

水車の理論出力

したがって，　$f(H+h) ≒ f(H) + hf'(H) = f(H)\left(1 + \dfrac{3}{2}\cdot\dfrac{h}{H}\right)$

ところが題意によると $\dfrac{h}{H} = -\dfrac{6}{100}$ となるので

$$P' = f(H+h) = P\left(1 - \dfrac{3}{2}\times\dfrac{6}{100}\right) = \dfrac{91}{100}P$$

すなわち，水車出力は91％（9％減少）になる．

　次に，微小変動や誤差の近似値計算における応用をかかげる．これは，前の $f(x+h) ≒ f(x) + hf'(x)$ を書きかえると

$$\dfrac{f(x+h) - f(x)}{h} ≒ f'(x)$$

となるが，この h は x の増分 Δx であって，$f(x+h) - f(x)$ は，これに対応する関数値 y の増分 Δy になるので上式は

$$\dfrac{\Delta y}{\Delta x} ≒ f'(x), \quad \Delta y ≒ \Delta x f'(x)$$

となる．以下は，これを応用した問題である．

【例題9】
　二つの相等しい抵抗 R と抵抗 r，静電容量 C からなる図6・15の移相回路において C の微小変動 ΔC による ab 間の電圧 E_s と cd 間の電圧 E のなす位相角の変動 $\Delta \theta$ を求めよ．

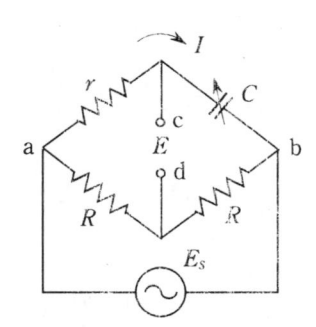

図6・15　移相回路

【解答】
　この場合の各部の電圧関係のベクトルを画くと図6・16のようになり，C をどのように変化しても c 点の電位は E_s を直径とする円の半円周上にある．また，d 点の電位は E_s の中央点にある．したがって，E と E_s のなす角を θ，E_s と Ir のなす角を φ とすると $\theta = 2\varphi$ になり，図上から

$$\tan\varphi = \dfrac{\dfrac{1}{\omega C}I}{Ir} = \dfrac{1}{\omega rC}$$

$$\theta = 2\varphi = 2\tan^{-1}\dfrac{1}{\omega rC}$$

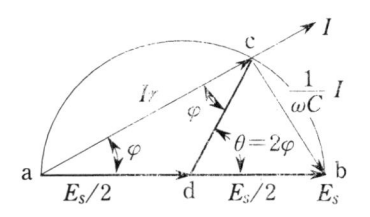

図6·16 ベクトル関係

この $\theta = f(C)$ において $f'(C)$ を求めると

$$f'(C) = \frac{d\theta}{dC} = 2\frac{d\tan^{-1}(1/\omega rC)}{d(1/\omega rC)} \cdot \frac{d}{dC}\left(\frac{1}{\omega rC}\right)$$

$$= 2\frac{1}{1+\left(\frac{1}{\omega rC}\right)^2}\left(-\frac{1}{\omega rC^2}\right) = -\frac{2\omega r}{1+\omega^2 r^2 C^2}$$

ただし，$\dfrac{d}{dx}\tan^{-1}x = \dfrac{1}{1+x^2}$

$$\therefore \ \Delta\theta = f'(C)\Delta C = -\frac{2\omega r\Delta C}{1+\omega^2 r^2 C^2} = -\frac{2\omega rC}{1+\omega^2 r^2 C^2}\left(\frac{\Delta C}{C}\right)$$

【例題10】

白熱電球の電流が電圧の0.6乗に比例し，光束は電圧の3.6乗に比例するとき電圧の $\pm q$ [％] の変化に対する電流，電力，光束，効率，抵抗の変化を求めよ．

【解答】

電圧 E に対し電流 I は k_1 を定数とすると

$$I = k_1 E^{0.6} = f(E), \quad f'(E) = \frac{dI}{dE} = 0.6 k_1 E^{-0.4}$$

$$\Delta I = f'(E)\Delta E = 0.6 k_1 E^{-0.4} \times \left(\pm\frac{qE}{100}\right) = \pm\frac{0.6q}{100}\cdot k_1 E^{0.6} = \pm\frac{0.6q}{100}I$$

となるので，電圧が仮に $q = \pm 5$ ％変化すると，電流は ± 3 ％だけ変化する．

次に，電力 P は

$$P = EI = k_1 E^{1.6} = f(E), \quad f'(E) = \frac{dP}{dE} = 1.6 k_1 E^{0.6}$$

$$\Delta P = f'(E)\Delta E = 1.6 k_1 E^{0.6} \times \left(\pm\frac{qE}{100}\right) = \pm\frac{1.6q}{100}P$$

となって，例えば電圧の変化 ± 5 ％に対し，電力の変化は ± 8 ％になる．同様に光束 ϕ は k_2 を定数として，

$$\phi = k_2 E^{3.6} = f(E), \quad f'(E) = \frac{d\phi}{dE} = 3.6 k_2 E^{2.6}$$

$$\Delta\phi = f'(E)\Delta E = 3.6 k_2 E^{2.6} \times \left(\pm\frac{qE}{100}\right) = \pm\frac{3.6q}{100}\phi$$

となって，例えば電圧の変化 ± 5 ％に対し，光束の変化は ± 18 ％になる．次に効率 η は

$$\eta = \frac{\phi}{P} = \frac{k_2 E^{3.6}}{k_1 E^{1.6}} = k_3 E^2 = f(E), \quad f'(E) = \frac{d\eta}{dE} = 2k_3 E$$

$$\Delta\eta = f'(E)\Delta E = 2k_3 E \times \left(\pm \frac{qE}{100}\right) = \pm \frac{2q}{100}\eta$$

となるので，仮に電圧の変化を±5％とすると，効率の変化は±10％になる．次にフィラメントの抵抗 R は

$$R = \frac{E}{I} = \frac{E}{k_1 E^{0.6}} = k_4 E^{0.4} = f(E), \quad f'(E) = \frac{dR}{dE} = 0.4 k_4 E^{-0.6}$$

$$\Delta R = f'(E)\Delta E = 0.4 k_4 E^{-0.6} \times \left(\pm \frac{qE}{100}\right) = \pm \frac{0.4q}{100} R$$

となって，例えば電圧が±5％変動すると，フィラメントの抵抗は±2％だけ変化する —— 正の抵抗温度係数を有するので，電圧が増加して温度が上がると抵抗が増大する ——．

【例題11】

有効落差の測定に $\pm q$〔％〕の誤差があったとき，特有速度の計算値に何程の誤差を生ずるか．

【解答】

有効落差を H〔m〕，水車の毎分の回転数を N〔rpm〕，水車の出力を P〔kW〕とすると，

水車の特有速度 $N_s = N\sqrt{P}\, H^{-\frac{5}{4}}$〔rpm〕であって．この $N_s = f(H)$ で $f'(H)$ を求めると，

$$f'(H) = \frac{dN_s}{dH} = -\frac{5}{4} N\sqrt{P}\, H^{-\frac{9}{4}}$$

有効落差での誤差は $\frac{\Delta H}{H} \times 100 = \pm \frac{q}{100}$

$$\Delta N_s = f'(H)\Delta H = -\frac{5}{4} N\sqrt{P}\, H^{-\frac{9}{4}} \times \left(\pm \frac{qH}{100}\right) = \mp \frac{\frac{5}{4}q}{100} N_s$$

となるので，仮に有効落差の測定に±2％の誤差があると特有速度の計算値には∓2.5％の誤差を生ずる．

索引

ア行

安定速度	57
1価関数	13
位数	17
陰関数	12
運転安定点	56
枝関数	13
円筒状導体	53

カ行

ガウスの定理	52
加速度	30
解析幾何学	1
開区間	2
関数	3, 42
関数の関数	12
関数の連続性	26
奇関数	14
逆関数	6
逆三角関数	43
級数	9
曲線の接線	32
極限値	16, 44
極小値	14
極大値	14
偶関数	14
原関数	47
減少関数	13
コロナ放電	54
コロナ放電の条件	55
高次導関数	30

サ行

三角関数	8, 9, 43
3相誘導電動機	57
自己インダクタンス	48
自然対数	8
次数	17
主係数	4
主値	9
収束	16
収斂	16
周期関数	8
充電電流	49
初期値	8
初等関数	4
初等超越関数	5
助変数	12
常用対数	7
真数	6
数関数	5, 43
数列の極限値	16
ゼノンの背理	15
整関数	4
静電容量	49
積分回路	52
接線の式	32
絶対項	4
線形関数	4
相互インダクタンス	50
相互誘導電圧	51
増加関数	13
速度	15, 29
速度・トルク曲線	55

タ行

多価関数	13
多元関数	14
対数関数	6, 43
代数関数	5
単振動	8
単値関数	13
断面積の変化率	38
超越関数	5

索引

直列安定抵抗 58
定数 2
底数 5
鉄損 59
電位傾度 53
電位差 53
電気力線 53
同位 17
導関数 30, 46, 47

ナ行

2次導関数 30
ニュートン 1

ハ行

媒介変数 12
ひずみ波 9
火花放電の条件 55
火花放電電圧 54
微係数 46
微積分学 1
微分 36
微分回路 52
微分係数 30
微分商 35, 46
左微係数 34
フーリェ 9
不連続関数 14, 45
負特性 58
分数関数 4
閉区間 2
変域 2
変数 2
放電 50
方向係数 32
法線の式 32

マ行

右微係数 34
無限小 17, 44
無限大 17, 44
無理関数 5, 43

ヤ行

有理関数 4
有理整関数 4, 42
有理分数関数 4, 42
誘導起電力 49
陽関数 12

ラ行

落体の落下距離 30
流率 29
連続関数 14, 27, 45

d - book
関数の極限値と微分

2000年8月20日　第1版第1刷発行

著　者　田中久四郎
発行者　田中久米四郎
発行所　株式会社電気書院
　　　　東京都渋谷区富ケ谷二丁目2-17
　　　　（〒151-0063）
　　　　電話03-3481-5101（代表）
　　　　FAX03-3481-5414
制　作　久美株式会社
　　　　京都市中京区新町通り錦小路上ル
　　　　（〒604-8214）
　　　　電話075-251-7121（代表）
　　　　FAX075-251-7133

印刷所　創栄印刷株式会社

ⓒ2000HisasiroTanaka　　　　　　　　Printed in Japan
ISBN4-485-42915-6　　　　［乱丁・落丁本はお取り替えいたします］

〈日本複写権センター非委託出版物〉

　本書の無断複写は，著作権法上での例外を除き，禁じられています．
　本書は，日本複写権センターへ複写権の委託をしておりません．
　本書を複写される場合は，すでに日本複写権センターと包括契約をされている方も，電気書院京都支社（075-221-7881）複写係へご連絡いただき，当社の許諾を得て下さい．